コーヒーで読み解くSDGs

José. 川島良彰
[コーヒーハンター]

池本幸生
[東京大学教授]

山下加夏
[サステイナビリティ・アドバイザー]

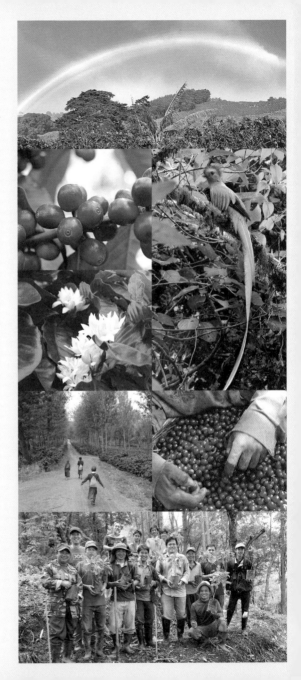

～はじめに～

2015年に国連で採択されたSDGsにとって、2020年は、日本での普及啓発が一気に進んだ年と言えるでしょう。都市部の街を歩き、公共交通機関を利用すれば、企業広告や自治体のメッセージとともにSDGsのロゴが目に飛び込んできます。新聞や月刊誌もSDGs特集を組み、高校や大学ではカリキュラムでSDGsを使い、学生の皆さんが将来世代に継続可能な社会づくりのアイデアを練り上げています。また、2020年の初めから世界に一気に広がり、日常生活を一変させた新型コロナウイルスは、SDGsが描くサステイナブルな未来の実現に向け、世界中の格差社会や保健衛生問題など、人類が乗り越えるべき壁をあっという間に浮き彫りにしました。

日本は、EU、米国、ブラジルに次ぎ、世界で4番目に多くコーヒーを消費する国です。全国津々浦々にある小さな喫茶店から、カフェ・チェーン店、コンビニや自動販売機に必ず並ぶ缶コーヒーまで、日本のコーヒー文化は実に多様性に富み、独特で、世界に類を見ません。

赤道を挟む南北25緯度内のコーヒーベルトと呼ばれる熱帯地域で生産されるコーヒーは、そのほとんどが開発途上国で生産され、先進国で消費されます。しかも、コーヒーは世界有数の規模を誇る産業で、コーヒーを生産する農家だけでも、世界中で2,500万世帯を超すと言われます。その規模の大きさから、コーヒー市場での価格の下落は、世界の経済、環境、社会問題に直結します。

SDGsは、環境、経済、社会に関わる17の目標を掲げていますが、それらの目標は、コーヒー業界がSDGs以前から取り組んできた課題の縮図でもあります。つまり、世界中のコーヒー生産農家が将来世代のために日常的に実践していることの多くは、SDGsの目標達成に向けた取り組みを既に体現化しているのです。

このようにSDGsと関連性の深いコーヒーですが、毎日楽しむコーヒーを選ぶ基準にSDGsへの貢献をあげる方は、日本ではまだ少ないのではないでしょうか？　その状況を変えるためには、日本のコーヒー業界自体が、よりサステイナブルに生まれ変わる必要があります。

SDGsは、国連の気候変動枠組条約のように法的な拘束力を求める合意ではないので、2030年に目標を達成することを目指して、各国が取り組みの内容や方法を考え、自らのペースで貢献していくことが可能です。

だからと言ってSDGsは、決して今までの活動に紐付けるだけで終わってはならず、必要な変革を起こし、実践していかなければならないのです。むしろ、セクターの壁を超え、国境を超え、パートナーシップで着々と目標を実現するために、法的拘束力を持たせず、発想豊かに取り組む方法がとられたのです。

話は前後しますが、私が初めて「サステイナブルコーヒー」という言葉を知ったのは、1995年にアメリカスペシャルティコーヒー協会の年次総会に参加し講演を聞いたときでした。私は日本の大

手コーヒー会社の社員として、ハワイ島をベースに世界中のコーヒー産地で農園開発や買い付けに携わっていましたが、そんな私でさえ、当時はその言葉の意味がいまひとつ納得できませんでした。

その後、コーヒーの国際価格が大暴落し「コーヒー危機」と言われた2001年から2003年にかけては、生産者にとって損益分岐点の半分程度の相場が続き、生産者の夜逃げや一家離散を目の当たりにして、売れないコーヒーが廃棄されていくのを胸を締め付けられる思いで見てきました。銀行管理となったコーヒー畑は、樹が切り倒され、牧草地に変わっていきました。持続不可能になったコーヒーやコーヒー畑を見て、そのころ頻繁に耳にするようになったサステイナブルコーヒーという言葉の重さを痛感したのです。

しかしその最中も消費国のコーヒー業界は、国際価格が暴落していることを消費者に告げもせず、値下げもせずに利益を享受していたのです。帰国する度に、社内外で生産者が生きていけない産地の現状を伝え、品質に見合った価格を支払う必要があると訴えましたが、私の話に耳を傾ける人はいませんでした。コーヒーの危機を現場で見てきた私は、生産国と消費国の間にはこれほどまでに大きな壁があり、また消費国のコーヒー業界と一般消費者の間にはそれ以上の壁があることを思い知らされたのです。

1990年代から中南米の生産国では、環境保護に留意した栽培や精選方法の研究が始まり、労働者の労働・住居環境や子弟の教育に取り組む農園が増えてきました。しかしコーヒーの国際相場が低

迷すれば、それを継続することも不可能になります。消費者が、安全で美味しいコーヒーを飲み続けるためには、生産者が安心して生産できる環境が必要です。それをもっと多くの人々に知らせなくてはならないと痛感しました。

この本の執筆者として名を連ねている我々3人は、大学教授（池本幸生）、開発援助に携わる国際NGOの元職員（山下加夏）、コーヒーハンター（川島良彰）として、それぞれの世界で長く活動してきました。実は、この3人がそれぞれ異なる立場で、よりサステイナブルな未来を築くために必要だと判断し、手がけた仕事が、まさにコーヒーだったのです。

2020年に一気に普及啓発が進んだSDGsを、3人でコーヒーを通して紐解き、解説していくことで、コーヒーを通じてSDGsに貢献できることを、皆さんに気づいてもらいたいと思い、本の執筆を2人に提案したことから、この本は生まれました。

本書が、皆さんが持たれているコーヒーの価値観を変える一助になれば幸いです。

José.川島良彰

※本書掲載のSDGsの各ゴールとターゲットは
原文から抜粋して著者が翻訳し、読みやすく
まとめたものです。全文掲載ではありません。

SDGsと
持続可能な開発

Introduction

SUSTAINABLE
DEVELOPMENT
GOALS

1970年代から危惧されていた「持続可能性」

SDGsとは、Sustainable Development Goals の略です。最後のsは、Goalsのs、つまり複数のs、を表しますので、「エス・ディー・ジー・エス」ではなく「エス・ディー・ジーズ」というのが正しい読み方です。

日本語では「持続可能な開発目標」と訳されているように、SDGsは「持続可能な開発」を達成するための目標を具体的に示したものです。そこで、SDGsを理解するために、まず「持続可能な開発」とは何かを理解しておきましょう。

そもそも「開発」（Development）とは、なんでしょうか。

辞書を引いてみると、「土地・森林・水・鉱産物などの天然資源を活用して生活や産業に役立てること」（明鏡国語辞典）と書かれています。

開発には確かに「土地・森林・水・鉱産物などの天然資源」が必要です。工場を建てるために土地を造成したり、木材にするために森林を伐採したり、農業用水や工業用水として水を利用したり、工業の原料として天然資源を利用したりします。

しかし、むやみに開発が進めば、やがて天然資源は枯渇するでしょう。それと同時に環境破壊も深刻になります。二酸化炭素のような温室効果ガスを排出し続ければ、地球は温暖化へと突き

012

進むことにもなります。

天然資源の枯渇が現実的な問題として捉えられるようになったのは、1970年代の初めくらいです。先進国では公害問題も深刻になってきており、アメリカでは1960年代から自動車の排出ガス規制が強化されるなど、環境保護の観点から、先進国の経済成長に制約を課す必要が叫ばれるようになっていったのです。

環境問題、人口問題などの世界的な課題の解決を目指してローマで設立された民間組織であるローマ・クラブは、1972年に発表した『成長の限界：ローマ・クラブ『人類の危機』レポート』の中で、人口爆発、資源の枯渇、環境汚染の問題を取り上げ、どの側面から考えても経済成長を続けていくことは困難であることを科学的に示しました。

また、同じ1972年に、スウェーデンのストックホルムで開催されたのが、113カ国が参加した「国際連合人間環境会議」です。

これは世界的な規模で環境問題を考えた最初の会議であり、「かけがえのない地球」(Only One Earth) というスローガンが掲げられていました。そこで採択されたのが、有名な「人間環境宣言」(ストックホルム宣言) で、そこでは、「現在及び将来の世代のために人間環境を擁護し向上させることは、人類にとって至上の目標、すなわち平和と、世界的な経済社会発展の基本的かつ確立した目標と相並び、かつ調和を保って追求されるべき目標となった」ことが明確に宣言

されています。のちに広がる「持続可能性」という概念の鍵となる「将来の世代」という言葉は、このときすでに出ていたのです。

このような流れを受け、先進諸国の間では環境保護への関心が高まっていきましたが、その一方で、急速な工業化を進めていた中国やインドなどの開発途上国は、さらなる発展に向け、環境保護より開発を求めようとする姿勢を崩すことはありませんでした。途上国にとって環境保護は先進国の「ぜいたく」と映り、先進国が環境保護を求めるのは開発途上国の発展を妨げることを意図しているに違いないとむしろ強く反発しました。そしてその結果、中国とインドは今や、それぞれ世界第1位と第3位の二酸化炭素排出大国となるまでに発展を遂げたのです。

そしてその背景には、国内での公害規制が厳しくなった先進国の多くの企業が、公害規制の緩い開発途上国への工場移転を推し進めたという事実もあります。工業化を進めたい開発途上国にとって工場の受け入れは非常に魅力的ですが、それは同時に公害をも受け入れることを意味しており、このような「公害輸出」もまた、地球環境を悪化させる大きな原因になっていたのです。

このままでは、地球を守ることはできない。

では、「開発」と「環境保護」にどう折り合いをつけるか――。

その課題に対する答えとして生まれたいわば妥協の産物が「持続可能な開発」という概念なのです。

● 持続可能な開発とは何か

1972年の「国連人間環境会議」から15年が経った1987年、当時ノルウェー首相だったブルントラント氏が委員長を務める「国連環境と開発に関する世界委員会」(通称、ブルントラント委員会)が「地球の未来を守るために」(Our Common Future／通称『ブルントラント報告』)というレポートをまとめました。

このレポートに大きな意味があるのは、「持続可能な開発」という概念が初めて明確に提示されたからです。

「持続可能性」という言葉が意味するのは、「将来世代のニーズを損なうことなく、今の世代のニーズを満たすこと」、そして、「将来世代が今の世代と少なくとも同様のレベルの暮らしができること」です。

言い換えれば、今の世代が資源を使い尽くして、将来世代が使える資源がなくなったり、今の

世代が環境を破壊して、将来世代が良好な環境で暮らせなくなったりすることは、「持続可能性」に反する開発だということになります。

ブルントラント報告では、環境を守るために経済成長にブレーキをかけ、経済発展がもっと環境にやさしい形で行われることを求めていました。ただし、決して開発自体を否定しているわけではなく、「環境保全を考慮した節度ある開発が重要である」ことを強調したのです。

ブルントラント報告から5年後、つまり1972年の「国連人間環境会議」から20年を過ぎた1992年には、「地球サミット」（正式名称「環境と開発に関する国連会議」）がブラジルのリオデジャネイロで開催されました。

この会議で採択された「環境と開発に関するリオ宣言」では、「持続可能な開発」を進めるための27の基本原則が示されました。そしてそのための行動計画となる「アジェンダ21」では、環境や資源の保護だけではなく、貧困の撲滅などの社会経済的課題にも言及されています。

また、この会議では、「地球温暖化防止条約」（正式には「気候変動に関する国際連合枠組条約」）も採択され、地球温暖化に取り組むための国際的な枠組みも設定されました。この条約は、二酸化炭素などの温室効果ガスが地球の温暖化をもたらし、自然環境に悪影響を及ぼすことを認めるものでもあり、温室効果ガスの排出を抑制していくことで各国が合意したのです。

この「地球温暖化防止条約」については、締約国会議（COP）が1995年から毎年開かれ

ています。1997年に京都で開催された第3回締約国会議（COP3）では、法的拘束力を持つ数値目標が「京都議定書」として採択され、先進国は2008年から2012年の5年間に1990年と比べて温室効果ガスの排出を6〜8％程度削減する目標を掲げました。（ただし、アメリカはこれを批准していません。）

2015年にパリで開かれたCOP21、つまり第21回締約国会議では、2020年以降の枠組みを定めた「パリ協定」に世界のほとんどの国が合意しました。翌年には温室効果ガス排出大国である中国とアメリカも批准しましたが、アメリカは2017年に協定から離脱しています。（2021年1月に就任したバイデン新大統領は協定復帰の意向を示しています。）

なお、「アジェンダ21」の実施については、2002年に南アフリカのヨハネスブルグで開かれた「持続可能な開発に関する世界首脳会議」で再確認され、また、53カ国で構成される「持続可能な開発委員会（Commission on Sustainable Development）」は、「アジェンダ21」や「持続可能な開発に関する世界首脳会議」、その他の地球サミットで採択された合意事項の実施を監視する役割を担っています。

これは「アジェンダ21」の着実な実施に向けて国際的なモニタリングやレビューを行っていくためであり、国連の「持続可能性」への危機感を物語るものでもあったのです。

MDGsとSDGs

「アジェンダ21」に続く行動計画として、2015年にニューヨークの国連本部での「国連持続可能な開発サミット」において採択されたのが、2030年までの行動計画である「2030アジェンダ」です。

それを実現させるための目標として掲げられたものが、この本のテーマであるSDGsです。

実は、SDGsには前身となるものがあります。

それが新しいミレニアム（千年紀）を迎えた2000年に国連で採択されたMDGsです。

MDGs（Millennium Development Goals）とは「ミレニアム開発目標」という意味ですが、そこでは開発途上国を対象とした2015年までの開発目標が設定されました。

MDGsは以下の8つの目標から成っています。

1 極度の貧困と飢餓の撲滅

2 普遍的な初等教育の達成

3 ジェンダー平等の推進と女性の地位向上

4 乳幼児死亡率の削減

5 妊産婦の健康の改善

6 HIV／エイズ、マラリア、その他の疾病の蔓延防止

7 環境の持続可能性の確保

8 開発のためのグローバルなパートナーシップの推進

2015年に採択されたSDGsは、MDGsを引き継ぐという意味合いもありますが、大きな違いは、MDGsがその対象を開発途上国に限定しているのに対し、SDGsでは先進国も含めた全世界で取り組むべき課題としている点です。

ここには、これまでの経済成長を追求する先進国のやり方が富裕層に有利に働いて所得格差を拡大させた一方、環境を破壊し、貧困などの問題を放置し、状況を悪化させてきたことへの反省が含まれています。開発途上国の環境破壊や貧困の責任が、先進国にあるケースは枚挙にいとまがないことに多くの人はすでに気づいていたのです。

また、MDGsの8つの目標は課題を縦型に分けており、途上国での対応もそれぞれ別々に行われがちでした。例えば、環境の課題に言及しているのは目標7の一つだけですが、実際には貧困や飢餓、教育、HIV／エイズやマラリア・疾病の蔓延など、どの課題も環境問題と深く関連しています。様々な課題が複雑に絡み合い、さらなる格差を生み出していく構図には個別に対応

をしていても限界があったのです。この点は開発途上国で課題に直面する人々が日々の暮らしの中で長く実感してきたものでしたが、その問題の本質がMDGsを経て国連の目標に反映されるようになるには時間がかかりました。

2016年、スウェーデンのストックホルム・レジリエンス・センターのヨハン・ロックストローム博士らはSDGsをウェディングケーキを用いて解説しました。それをわかりやすく示したのが左ページの図です。環境の基盤があって社会が成り立ち、人間の経済活動が可能となる中で、SDGsのすべての目標は互いに作用しながら、私たちの世界を作り上げているというわけです。

SDGsに無関係な国や無関係な人は存在しません。

SDGsでは、「持続可能な未来」に向け、「だれ一人取り残さない」(No one will be left behind) がキーワードになっています。これは「包摂性（インクルージョン）」と呼ばれています。SDGsのゴールとターゲットもそれぞれ「統合され不可分のもの」となっており、全世界の国と人々が一丸となって取り組むべき目標なのです。

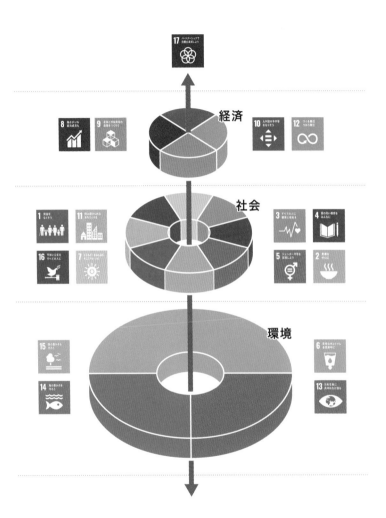

コーヒーで考える「サステイナビリティ」

SDGsが「全世界の国と人々が一丸となって取り組むべき目標」であるということは、今、これを読んでいるあなたもその一人です。つまり、SDGsはあなたの目標でもあるのです。

個人の目標として捉えるにはあまりにも壮大すぎると感じるかもしれませんが、決してそんなことはありません。その達成のために私たち一人一人ができることは、あなたが思う以上にたくさんあります。例えば、マイバッグ持参で買い物に行くことも、SDGsの達成に向けた大切な行動の一つですし、もっと基本的なことを言えば、一つ一つの現象を、「果たしてこれは持続可能なのだろうか」という視点で考える姿勢を持つことが、その第一歩になるのです。

SDGsは、様々な切り口で考えることができるテーマです。

そこでこの本では、多くの人にとって身近な飲み物である（もしかしたら、今もあなたのすぐ横にあるかもしれない）コーヒーを切り口として、SDGsについて考えていきたいと思います。

あなたがいつも（もしかすると今も）飲んでいる「美味しいコーヒー」が、将来の世代も飲み続けられること、つまり「持続可能」な「サステイナブルコーヒー」であることを阻む問題は何なのか、それを解消するには何が必要なのか、そのために自分たちは何ができるのか——。それを考えることを通じて、SDGsへの理解を深めていただきたいのです。

そもそも「美味しいコーヒー」とはいったいどのようなものを指すのでしょうか。

もし、カップテスト（品質鑑定）の結果は申し分ないとしても、それが開発途上国のコーヒー生産者の貧困の上に成り立っているとしたら、あなたは心から「美味しい」と思えるでしょうか。

あるいは、それを生産することが後戻りできないほどの環境破壊と引き換えであるとしたら？

コーヒー生産によって生産国の自然災害が誘発されているとしたら？

「だからと言って自分にできることはない」とあなたは思うかもしれません。

しかし、「全世界の国と人々が一丸となって取り組むべき目標」であるSDGsのゴール12（「つ・く・る・責・任・　つ・か・う・責・任」）でも挙げられているように、消費者であるあなたにも果たすべき責任があるのです。

では、「サステイナブルコーヒー」のために私たちは何ができるのでしょうか。

それは、遠く離れたコーヒーの産地で何が起こっているのか、つまり、目の前のコーヒーカップに注がれたコーヒーにはどんな「ストーリー」があるのかを正しく知り、それを自分の選択や行動に活かすことです。

さあ、さっそく「サステイナブルコーヒー」のための旅の第一歩を踏み出しましょう。

コーヒーの品種について

コーヒー樹は（正式には「コーヒーノキ」）はアカネ科のコフィア（Coffea）属（Genus）に分類されます。

コフィア属には、数多くの種（Species）がありますが、商業用に栽培されているコーヒーはそのほとんどがアラビカ種かロブスタ種に二分されます。

原産地はエチオピアであるものの、イエメンを経由して世界に広がったことからその名がついたアラビカ種は、学名では「Coffea arabica L.」（省略して、C. arabica L.）と表記されます。最後の「L.」はその分類を行った植物学者リンネを指します。

ティピカやブルボンという名前を聞いたことがある人は多いでしょうが、これらはアラビカ種の中の変種（Variety）の一つであり、学名では「Coffea arabica var. typica」や「C. arabica var. bourbon」などと表記されます。

アラビカ種の特徴としては、同じ株に咲く花同士で交配できる自家稔性であること、乾季が必要で寒暖差が大きいほど品質が良くなる、ということが挙げられます。

一方、ロブスタ種の学名は「Coffea canephora var.robusta」です。「コフィア属のカネフォラ種に属するロブスタ」という意味なので、ロブスタという名前は本当は変種

（Variety）名なのです。アラビカと並べた表現をするなら本来カネフォラと呼ぶべきとこ
ろなのですが、実際には多くの場合、ロブスタが用いられています。そこで本書でもあえ
て「ロブスタ種」と表記しています。

「Robust（頑強な）」にその由来をもつ名前が示す通り、病気に強く、高温多湿でも育つ
というのがロブスタ種の特徴です。

ざっくりとしたイメージとしては、「手間はかかるが高品質のアラビカ種」「風味は劣る
が大量生産が可能なロブスタ種」と覚えておくとわかりやすいかもしれません。

コーヒーの変種にはほかにも様々なものがあり、ブルボンの突然変異種の「カトゥーラ」
とアラビカ種とロブスタ種が自然交配してできた「ハイブリッド・ティモール」を交配させ、
アラビカ種の味の良さとロブスタ種の強さの両方の特徴を受け継がせた「カティモール」
なども登場しています。

なお本書では、variety に当たる変種の記述は省きました。

本書の用語解説

【アグロフォレストリー】

農業（Agriculture）と林業（Forestry）を組み合わせた造語であり、樹木を植え、その間の土地で農作物を栽培したり、家畜を飼ったりする農業の方法。

【温暖化係数】

温室効果ガスが大気中に放出されたときの影響を二酸化炭素を基準として計算し、ほかの温室効果ガスがどれだけ温暖化に対する能力があるかを表した数字のこと。

【コーヒーベリーボアラー】

学術名は「Hypothenemus hampei」。成長過程のコーヒーの実に穴を開け卵を生み、幼虫がコーヒーの実を食べて成長する害虫。以前は、劇薬を使って駆除してきたが、人間を含む他の生物への悪影響があり問題となった。最近では、毒性の低い農薬を必要最低限使ったり、主に天敵を使ったり、罠を仕掛けたり、また発生しにくい環境を作り対応している。

【コロンビアコーヒー生産者連合会（FNC）】

1927年、コロンビアのコーヒー生産者たちの手により設立され

た民主的な組織。56万以上のコーヒー生産者が加盟する、世界有数の規模を誇る農業関連NGO。高品質なコーヒーの安定した生産や、生産者のより良い暮らしを実現しコロンビアコーヒーが「The Richest Coffee in the World®」（世界一リッチなコーヒー）として認知されるよう活動している。コーヒー生豆及びコーヒー製品の輸出も担う。

【サングロウン】

日陰樹（シェイドツリー）を使わず、コーヒー樹を単一に栽培する農法。収穫性をあげるためにコーヒー樹を高い密度に植え、シェイドグロウンに比べて農薬や肥料が多く必要となる傾向がある。

【シェイドグロウン】

日陰樹である高木や果樹の下にコーヒー樹を植え、コーヒー樹や土壌への日光の照射量を調整する農法。適切に管理されれば、農薬や肥料の使用を減らすことができ、多様な植栽は生物多様性の保全にも貢献する。

【テラス造成法】

土壌流出を防止し、効率的な作業ができるように急斜面に造成した

畑。等高線に沿って畝と作業道を作りコーヒーを植える。大掛かりな工事をしないので、生産者が簡単に畑作りをできる。

【水洗処理方式（ウォッシュド）】

コーヒーチェリーの果皮・果肉を取り除き、パーチメントの状態で乾燥し、乾燥後にパーチメントを脱殻する方法。

【精選】

収穫したコーヒーチェリーを、焙煎前の生豆までに加工する作業。大きく2つの工程に分けられる。第1の工程はチェリーから乾燥までで、これには何通りか方法がある。第2の工程では乾燥後の脱殻を経て、浮力、サイズ、密度で等級別に分けられる。

【線虫】

土壌にいる1ミリ以下の線形動物で、側根に寄生し養分を取る。線虫が寄生した根にはコブができ、木は養分が吸収できず枯れてしまう。以前は、殺線虫剤を使用していたが、劇薬で環境破壊や人的被害がありコーヒー農園での使用は禁止された。

【パーチメント（コーヒー）】

パーチメントは、コーヒーの薄い皮のことで、羊皮紙のような黄色みが掛かったクリーム色をしている。中に豆が入っているものはパーチメントコーヒー」だが、通称で「パーチメント」と呼ばれることもある。

【バリューチェーン】

バリュー（価値）のチェーン（連鎖）という意味であり、「価値連鎖」と訳されることもある。製品が様々な段階を経て消費者に届くまでのそれぞれの段階で生まれる付加価値の流れ全体を捉える考え方である。

【非水洗処理方法（ナチュラル）】

アンウォッシュドとも言う。日本語では、非水洗式加工。コーヒーチェリーを、果皮が付いたまま乾燥後、果皮、果肉、パーチメントを一度に脱殻する方法。

【ファーメンテーション】

ミューシレージを取り除く作業。ミューシレージが付いたパーチメントを発酵槽に入れ、自然に分解・剥離させるナチュラル・ファーメンテーションと、機械でミューシレージを取り除くメカニカル・ファーメンテーションがある。

【ミューシレージ】

パーチメントの表面に付いた粘質。

「コーヒー危機」と貧困

No Poverty

➡➡➡ ゴール

あらゆる形の貧困を終わらせる。

➡➡➡ ターゲット

1 極度の貧困を世界から根絶する。

2 すべての面で各国が「貧困」と定義する人の割合を半減させる。

3 すべての人が適切な社会的保護を受けられるようにする。

4 すべての人が、経済的手段、基礎的サービス、土地などの財産の所有、
相続、自然資源、適切な新技術、マイクロファイナンス等の金融サー
ビスに平等にアクセスできるようにする。

5 貧困層や脆弱層[1]が、気候変動による災害や、経済・社会・環境面での
惨事に晒される危険性を減らし、人々の強靭性（レジリエンス）[2]を高
める。

a すべての形態の貧困を終わらせるために開発途上国に対して開発協力
を行なう。

b 貧困層やジェンダーに配慮した適正な政策を構築し、貧困撲滅のため
の投資を加速させる。

※1 脆弱層（ぜいじゃくそう）：傷つきやすい人々全般を指す。
※2 強靭性：病気や失意などからすぐに立ち直り、元気になること。

消費者が気づかないコーヒー生産者の貧困

「貧困」とは、最低限の暮らしに必要な所得がなく、生活が困窮したときに救済してくれる制度もなく、お金を借りることもできず、自然災害などの影響をまともに受け、そこから立ち直ることもできないような状態を指しています。社会から排除され、普通の暮らしができない状態がまさに貧困であり、ヨーロッパなどでは貧困という言葉に代わるものとして「社会的排除」（Social Exclusion）という表現が用いられています。

日本国憲法の第25条は生存権として「すべて国民は、健康で文化的な最低限度の生活を営む権利を有する。」と規定していますが、逆の捉え方をすれば、すべての国民が「健康で文化的な最低限度の生活」を保証されるべきだということです。

つまり、貧困は社会の問題として取り組むべき課題なのです。個人の責任だとして突き放すことはできません。排除された人々が社会の中で暮らしていけるようにする「インクルージョン」（社会的包摂／Social Inclusion）が必要なのです。

日本にはもはや貧困は存在しないかのように考えがちですが、それは貧困を飢餓の問題と取り違えているせいです。実際にはホームレスやネットカフェ難民など貧困に関わる大きな課題は山積みであり、子どもの貧困も、今では大きな社会問題となっています。

さらに世界に目を向ければ、実は深い関わりがあるにもかかわらず、多くの日本人が気づいていない様々な貧困が存在しているのです。

その一つが、世界のコーヒー生産者の貧困です。実は、2000年代の初めにはコーヒー価格が暴落し、世界は「コーヒー危機」に陥っていました。

また最近のコーヒー価格も1ポンド（約454グラム）が1ドルを切る水準にまで下がっており、世界各地のコーヒー生産者は貧困に苦しんでいます。

けれども日本でそのようなニュースを見る機会はほとんどありません。

だから、日本の消費者はそのような状況に気づくことなく、安いコーヒーを楽しんでいるのです。

もし今飲んでいるコーヒーが、開発途上国のコーヒー生産者に貧困という犠牲を強いているのだとしたら……。

あなたはそれでもそのコーヒーを「美味しい」と感じることはできますか？

コーヒーの国際価格の変動と「コーヒー危機」

下のグラフは、1976年から2018年にかけてのコーヒー（アラビカ種とロブスタ種）の国際価格の推移を示しています。

両者の価格はほぼ同じように変動し、どちらも8〜9年に1回くらいの頻度で価格の高騰が起こっているのがわかるでしょう。

価格高騰の原因の多くは、世界第1位のコーヒー輸出国であるブラジルでの不作にあります。ブラジルは世界のコーヒーの3割以上を生産しているコーヒー大国であるため、その影響が

コーヒーの国際価格の推移（1976年〜2018年）

USセント／ポンド

— アラビカ　……… ロブスタ

1977年4月
1986年1月
1994年9月
1997年5月
2011年4月
2014年4月
2001年10月

ICO（International Coffee Organization）の月次データより作成。
注）アラビカは IOC 統計のうちブラジルの価格を用いた。

ダイレクトに価格に反映されてしまうのです。

コーヒーの不作を引き起こす原因は、干ばつや霜害です。そもそもコーヒー樹は気候の変化に弱いという特徴があり、雨季に十分な雨が降らなかったり、冬に霜が降りると、すぐに枯れてしまいます。つまり、気候に大きく左右されるコーヒーは、安定した生産量を維持するのが他の農作物以上に難しく、それが価格変動を大きくしている一因となっているのです。

右ページのグラフを詳しく見ると1977年4月、1986年1月、1994年9月に現れた価格高騰のピークの間隔はそれぞれ8年9カ月と8年8カ月であり、ほぼ同じ間隔になっています。ところが、その次のピークは1997年5月に訪れていて、その前のピークからわずか2年8カ月しか経っていません。

実はこのときの価格の高騰の直接の原因は、ブラジルコーヒーの不作ではありませんでした。ひと言で言えば原因不明ということになるのですが、コーヒーの需要と供給のアンバランスのような単純な図式では説明できない要因で価格が高騰したのは間違いありません。有力な説として挙げられているのが、投機資金が流入してコーヒー価格を暴騰させたというものです。価格の変動を利用して利益を得る投資家は、価格変動が大きければ大きいほど利益も大きいのです。

1997年と言えば、アジア通貨危機が起こった年です。高めに設定されていたタイの通貨バーツに目をつけた欧米のヘッジファンドが大量の空売りを仕掛けたため、バーツは大幅な切り下げ

に追い込まれ、ヘッジファンドは巨額の利益を手にしました。一国の通貨政策に影響を与えるほど豊富な資金をもつ彼らなら、コーヒー市場の価格を操作することなどたやすいでしょう。

コーヒー価格が高騰すれば、コーヒー生産者は収穫したコーヒー豆を高く売ることができます。生産コストは変わらないので、価格が上がった分、利益は膨らみます。これ自体は、コーヒー生産者にとって望ましいことではありますが、作為的に作られたと思われる価格高騰は、その数年後に悲惨な結果をもたらすことになったのです。

一時的な成功物語がもたらした苦しみ

1994年と1997年のコーヒー価格高騰の恩恵を受けたのがベトナムでした。

1986年に『ドイモイ（刷新）』と呼ばれる自由化政策を採用して市場経済の導入に舵を切ったベトナムは、米やコショウ、そしてコーヒーの生産量を飛躍的に増やすことに成功しました。

そんなベトナムの追い風になったのは、世界のコーヒー供給量を調整してきた「国際コーヒー協定」が1989年に崩壊したことです。これによって各国の輸出量の上限が事実上撤廃されたため、大量に生産して大量に輸出することが可能になったのです。

ブラジルで生産されるコーヒーはその7割が「アラビカ種」ですが、ベトナムの主要なコーヒーの産地である中部高原は標高600メートル程度と低いため、生産されるのはそのほとんどが低地でも栽培可能な「ロブスタ種」です。

ロブスタ種は、風味の面ではアラビカ種に劣るものの、病気に強く、栽培に手間がかからないため、アラビカ種より生産コストをずっと安価に抑えることができるという強みがあります。しかも、勤勉で研究熱心なベトナム人の国民性によって、1ヘクタール当たり2〜3トンにものぼる高い生産性を実現させたため、高いコストパフォーマンスを実現しました。単純な比較はできないものの、他の国々では1ヘクタール当たり1トンというのが平均的な値であることを考えれば、これは脅威的な数字だと言えるでしょう。

古くからコーヒーの栽培を続けてきたラムドン省のある村は、1994年と1997年のコーヒー価格の高騰の恩恵を存分に受け、「コーヒー長者村」と呼ばれるまでになりました。大金を手にした人々は家を建て替え、村の学校も立派なものに建て替えられました。中には「コーヒー御殿」と呼ばれるほどの立派な家を建てた人もいたと言います。このような成功を収めた「コーヒー村」が、中部高原にはたくさん生まれていたのです。

「コーヒー村」での成功物語はベトナム全土に知れ渡り、同じように成功を夢見る人たちが次々と中部高原にやってきては、コーヒー樹を植え始めました。最初は単身でやってきて、収入が増

えたのちに家族を呼び寄せた人も多かったそうです。人口密度が高く、1人当たりの農地面積が
とても狭いベトナム北部の紅河デルタ地方の人から見れば、広大な中部高原は、まさにフロンティ
アだったのです。

新たにコーヒー農園を始めようとすれば、当然資金が必要です。家を売り払ったり、借金をし
た人もいたでしょう。それも軌道に乗るまでの辛抱だと、きっと多くの人は楽観的に考えていた
に違いありません。

しかし、2000年にはブラジルのコーヒー生産量が回復し、国際価格も元の水準にすっかり
下がってしまいます。しかも、その頃にはすでに多くの新規参入国によって供給過多の状況に陥っ
ていたせいで、2001年の10月にはこれまでにない水準にまで国際価格が下がってしまいまし
た。これがこの章の初めにお話しした「コーヒー危機」です。

そもそもコーヒー樹は、収穫できるようになるまでには、少なくとも3年の月日を要します。
1997年の高騰に反応してコーヒー樹を植え始めたベトナムの人たちは、3年間の辛抱を経て、
やっと期待していた利益を得られるはずが、逆に大きな損害を被る事態になってしまったのです。
しかもそれと同じことは新規にコーヒー栽培を始めた多くの開発途上国でも起こっています。

投機資金が作り出した一時的な価格高騰は、世界中の多くの開発途上国のコーヒー生産者に誤ったシグナル
を送り、結果的に大きな苦しみを与えることになってしまいました。

最近起こっているコーヒー価格の下落も、実は投機資金が仕掛けたものではないかという説が
あり、投機資金を排除する方法が模索され始めています。

思えば1990年代、日本でバブル経済が崩壊したとき、経営不振に陥った企業を買収するこ
とで儲けようとしたハゲタカファンドが非難を浴びたことがありましたが、それも投機資金のや
り方の一つです。一部の人たちを切り捨てることでバブル崩壊の危機を乗り越えようというやり
方は、日本の社会に大きな格差をもたらし、その傷跡は今も日本の社会に深刻な影を残しています。

人の不幸に付け込んで金儲けをすることは、SDGsの10番目のゴール（人や国の不平等をなく
そう）のターゲット**5**（世界金融市場と金融機関に対する規制とモニタリングを改善し、こうし
た規制を強化する）や、金融サービスを提供するという意味では12番目のゴールが掲げる「つく
る責任」にも反しています。金儲けのためなら何でもするマネーゲームが実体経済を傷つけ、「脆
弱な人々」を苦しめている現実に、私たちはしっかり目を向けなくてはいけません。

● コーヒーの公正な価格とは？

2001年10月のコーヒー危機のとき、コーヒー価格は1ポンド42セントまで低下していまし

た。その事実を果たしてどれだけの人が知っていたでしょうか。

コーヒー生産者が貧困に苦しめられていたまさにそのときも、先進国の消費者は何も知らずにコーヒーを楽しんでいたのです。

コーヒー生産者が手にできる利益が極めて小さいことの問題は、生産者を貧困に陥れることだけではありません。生産者の収入が減れば、コーヒー栽培のための投資（肥料の購入や剪定の費用など）をする余裕がなくなります。そうすれば当然、生産性はもちろん、コーヒーの品質も低下していくでしょう。品質の落ちたコーヒーに消費者は魅力を失い、そのうちコーヒーを飲まなくなってしまう可能性だってあります。

この状況が続けば、コーヒー産業は持続可能な産業とは言えなくなってしまいます。経済活動を行う限り、利益を出すことはもちろん必要です。しかし、コーヒー農家を犠牲にしてまで利益を追求していては、コーヒー産業は衰退していく危険性があります。品質の良いコーヒーを、その品質に見合った適正な価格で生産者から購入し、その品質を理解した上で消費者に買ってもらえるようにすることが、コーヒー産業を地球レベルで持続可能にすることなのです。

２００１年のコーヒー危機の後、価格が上昇した時期もありましたが、２０１８年頃から再び世界のコーヒー価格は下落し、２０１９年には１ポンド１ドル（アラビカ価格）を下回る水準にまで下がっています。ブラジルとベトナムのコーヒー増産は続いていますが、一方で消費量がそ

れ以上に増えているので、価格の下落の原因は供給過剰によるものではなさそうです。

だとしたら、今回の価格の下落の原因は何なのでしょうか。

明らかな証拠が示されているわけではないので推測の域を超えませんが、投機資金が価格を操作し、引き下げている可能性を指摘する声は多くあがっています。

「生産者の取り分1%」の本当の意味

あなたが一杯330円のコーヒーを飲むとき、その何%が生産者に届くと思いますか。

1杯のコーヒーを淹れるために、コーヒー豆10グラムを使うとして計算してみましょう。

このコーヒー豆は焙煎したものなので、生豆に換算すると12・5グラムになります。これを2020年5月8日時点での国際価格（1ポンド＝100セント）で換算すると約3・25円となります。つまり、一杯330円のコーヒーの約1%になります。国際価格は輸出価格であり、そのすべてが生産者の取り分になるわけではありません。生産者から輸出までの段階で、精選や輸送のコストなどがかかっているため、生産者の取り分は1%よりもさらに小さくなってしまいます。

1％という数字を聞くと、その少なさにきっと驚かれることでしょう。しかし、だからと言って、この数字から生産者は搾取されているとか、貧しいとか言えるわけではありません。この数字をことさらに強調し、コーヒー産業は生産者を搾取するひどい産業だというイメージを印象付けようとする映画もありましたが、この解釈は正しくありません。

1杯のコーヒーの値段のうち、生産者の取り分が全体のたった1％だとしても、それだけでコーヒー農家が貧しいと決めつけることはできません。なぜならコーヒー農家が生産するコーヒー豆の総量が、最終的に何杯分のコーヒーになるのかという大事なポイントが一切考慮されていないからです。

もしそのコーヒー生産者が年間1トンのコーヒーの生豆を生産しているとすれば、1杯分12・5グラムとしてコーヒー8万杯分（100万グラム÷12・5グラム）になり、一杯当たり3円の取り分だとしても、収入は24万円になります。もし2トンとれるなら収入は倍の48万円になります。開発途上国の物価水準は低く、世界の貧困線は一人一日約2ドルに設定されています。年収にすると7万円程度です。国によって貧困線は異なりますが、24万円や48万円という額が、日本で考えるほど少ないとは言えません。妥当な収入がいくらかという問題はここでは置いておくとして、まずここで知ってほしいのは、「コーヒー1杯のうちの取り分が1％」という数字から生産者が貧困かどうかを推論することはできないということです。

では、1%という数字の大きさの意味について考えてみましょう。

日本で業務用（ホテル・レストラン用）として売られている安いコーヒー豆（粉）は1kg当たり1000円もしません。コーヒー1杯につき10グラムで計算すると、一杯当たりのコストは約10円で、コーヒーの値段が330円だとすると、コーヒー豆のコストはちょうど3％であり、本章のコラムで取り上げる「3％理論」に合致します。それでも前述の1％より大きくなるのは、日本国内での焙煎費や輸送費などが含まれているためです。だから1％という数字はそれほど間違った数字ではありません。

次に10グラム10円という値段について考えてみましょう。スーパーで売られている家庭用のコーヒー豆のうち、低価格のものは10グラム15円ほどで売られています。このコーヒー豆を使うなら、一杯330円の約4・5％になります。品質が良い豆であれば、さらに高くなります。

フェアトレードのオーガニック・コーヒーだと、10グラム当たり50円くらいで売られています。

そのとき、一杯330円に対して15％になります。

つまり、「たった1％」ということの本当の意味は、質の悪いコーヒーや、サステイナブルでないコーヒー豆を使っているということなのです。

コーヒー1杯の値段に占めるコーヒー豆のコストが1％であると言われると、コーヒーショップが、遠く離れた生産国の生産者に圧力をかけて値段を下げさせていると勘違いする人もいるか

もしれませんが、日本の企業でそんなことをできるところはありません。そんなことができるのは、数多くの店舗を世界的に展開し、大量の生豆を生産国から直接買い付けするような巨大企業だけです。

「たった1%」が問題なのは、消費国が質の悪いコーヒーを飲まされているというだけでなく、低品質・低価格のコーヒー豆に対する需要が高まると、それに応じて生産国でも低品質・低価格のものを大量に作ろうとするようになるからです。生産者は、高品質のコーヒーを作ろうというインセンティブを失い、品質が低下していきます。ブラジルやベトナムが輸出を伸ばしているのにはこのような背景があります。

どんなに品質が悪くても、大量のミルク、砂糖、生クリーム、フレーバーなどを加えてしまえば、品質の悪さも覆い隠すことができます。

子どもたちは甘いものが好きですが、それは健康に良いとは思えません。そういう飲み物を提供する側にも子どもたちの健康を考えるという「つくる責任」（ゴール12）があります。

低品質のコーヒーが国際価格の低迷をもたらしていることに気づき、そのような状況を変えるために、コーヒーの品質を重視する動きが起こっています。それが「スターバックス社」までの「セカンドウェーブ（第2の波）」に対して、「サードウェーブ（第3の波）」と呼ばれるものです。

最近ではコーヒー専門店が増え、「スペシャルティコーヒー」が広く知られるようになってきま

した。

さて、「たった1%」と聞いたときの驚きはいったい何を物語っているのでしょうか。それは消費者である私たちが、自分が飲んでいるコーヒーのことをあまりにも知らな過ぎるということなのです。

消費者としてはどうしても安さに目が向き、安いものを買ってしまいます。それは、品質を犠牲にして安さを求めているということであり、それが「たった1%」という状況をもたらしています。そう考えると、先進国の消費者も「搾取する側」にいるという事実が浮かび上がってきます。

フェアトレードが定義する「公正な価格」は、「生産者の持続可能な生産と生活を支える」ことが基準となっています。フェアトレード商品は高いと言われますが、もしそれが公正な価格の基準だとすると、それ以下の値段で買うことは不公正に加担しているのかもしれないと考えてみるのもよいでしょう。

消費者の「つかう責任」（ゴール12）には、公正な価格に見合った品質のコーヒーを選ぶことも含まれているはずです。

消費者が美味しさに敏感になるべき理由とは？

消費者がそれを望むか望まざるかにかかわらず、日本には安いコーヒーほど重宝される、という現実があります。

その背景にあるのは「コーヒー1杯の原価率は3％以下」という日本の飲食業界の「常識」です。この常識がまかり通る限り、コーヒー1杯の価格の97％は、店の取り分になります。

他の飲み物や料理と比較してみましょう。一般的に飲み物は原価率が低く利益を出しやすいと言われていますが、もっとも低いサワー系の飲み物でも10〜20％、ビールは30％、ワインになると25〜40％です。料理の原価率は20〜30％、高級店ほど原価率が高くなる傾向があり、その多くは30％以上になります。もちろんアイテムごとの単価も高くなります。

これを見るといかにコーヒーの原価率が低いかおわかりでしょう。飲食業界において、コーヒーは、他のメニューでの原価率を下げるための緩衝材、もしくは調整弁のような役割になってしまっているのです。

高級レストランで提供される高品質のワインの場合は、原価率がさらに上がります。そうしないと売値が高くなりすぎてしまうからです。しかしコーヒーの場合は逆で、原価率はさらに下がります。なぜならば、高級レストランと言ってもコーヒーの品質にはこだわ

らず、店の格で価格が設定されることが多いからです。

消費国のコーヒー業界は、取引先にコーヒーの抽出器具の無料貸与や無償供与をする代わりに、長期契約を結ぶというビジネスモデルを作り、これが飲食業界の常識となっていました。その結果、どこのコーヒー会社と取引をするかを決める際の判断基準が、コーヒーの品質ではなく「どこが一番安く」「何を無料でくれるか」になってしまいました。

しかし、冷静に考えれば、利益が出ないのにコーヒー会社が無償で器具を提供するわけがありません。つまり、ホテルやレストランがコーヒーの対価として支払っているコーヒーの価格には、貸与したり供与したりする器具に関わる費用は少なからずコーヒーの卸価格に上乗せされているのです。その結果、ホテルやレストランには、実際に支払う卸価格に見合わない低品質のコーヒーが納品されます。高級レストランやホテルで、高いのに不味いコーヒーに出くわした経験があなたにもあるのではありませんか?

「原価率は3%以下」という悪しき習慣がまかり通る限り、コーヒー会社は、いかにして生豆を安く仕入れるかに必死になります。「とにかく安く」を強いられる輸入商社は、「とにかく安く」買い付けようとします。つまり、「3%以下」のしわ寄せは、結局遠い国の生産者に及んでいるのです。

もしも「3%以下の原価率」より、「美味しいコーヒー」の提供のほうにこだわるホテルやレストランが増えれば、コーヒー会社もただひたすら安いコーヒーではなく、納得のゆ

く価格で品質の良いコーヒーを輸入商社に問い合わせるようになります。品質に見合った価格を払うという当たり前のビジネスが成立すれば、輸入商社も適正な価格で、生産国にオファーできます。そうすれば生産者が不当に安い値段で搾取されることもなくなります。

実は最近日本では、「3％の呪縛」から自らを解放し、原価率を上げてでも美味しいコーヒーを提供しようとするホテルやレストランも少しずつ増え始めています。利益のためと割り切って不味いコーヒーを提供し続けるより、たとえ1杯当たりの利益は多少減っても「あの店のコーヒーは美味しい」という評判を得るほうが結果的には売り上げも上がることに経営者たちが気づき始めているのです。またさらに良い傾向として、抽出器具は自前で揃えるホテルやレストランが生まれつつあります。器具の紐付き契約を結んでしまうと、縛りが付き途中でコーヒーを変えられません。コンビニコーヒーの台頭と昨今のコーヒーブームの影響で、コーヒーの見直しが始まっています。

では消費者の立場としてできることはなんでしょうか。それはコーヒーの美味しさに敏感になり、本当に美味しいコーヒーを提供してくれる店を大いに応援することです。逆に金額に見合わない不味いコーヒーを出す店に対しては、その感想を率直にお店の人に伝えてください。そのような声がどんどん大きくなれば、お店のほうも真剣にコーヒーの品質を考えるようになるでしょう。コーヒーが「安さ」だけを求められる存在から脱すれば、それは生産者と消費者の「不公平な関係」の解消にもつながるはずです。

コーヒー生産で飢餓から脱する

Zero Hunger

➡➡➡ ゴール

飢餓を撲滅し、食料の安全保障と栄養改善を実現し、持続可能な農業を促進する。

➡➡➡ ターゲット

1 飢餓を撲滅し、すべての人々が安全で栄養のある食料を十分に得られるようにする。

2 栄養不良をなくし、5歳未満の子どもの発育障害を減らし、女子、妊婦、授乳中の母親、高齢者の栄養ニーズを満たす。

3 女性、先住民、農家、牧畜民、漁業者などの小規模食料生産者が、土地、投入財、知識、金融サービス、市場、高付加価値化や非農業雇用の機会にアクセスできるようにし、農業生産性と所得を倍増させる。

4 生産性を向上させ、生産量を増やし、生態系を維持し、気候変動・異常気象・干ばつ・洪水などの災害への適応能力を強化し、土地と土壌の質を改善して、持続可能な食料生産システムを確立し、強靱(レジリエント)な農業を作る。

5 種子、栽培植物、家畜、および関連する野生種の遺伝的多様性を維持し、種子・植物バンクを通して、遺伝資源やそれに関連する伝統的な知識にアクセスできるようにし、その利用から生じる利益を公正かつ公平に配分されるようにする。

ⓐ 開発途上国における農業生産能力向上のため、農村インフラ、農業研究・普及サービス、技術開発、植物・家畜のジーン・バンク※1(遺伝子銀行)への投資を国際協力などによって拡大する。

ⓑ 農産物への輸出補助金や、それと同じ効果を持つ輸出措置を撤廃し、世界の農産物市場における貿易制限や歪みを是正する。

ⓒ 食料価格の極端な変動を抑えるため、食料備蓄などの情報に適時にアクセスできるようにし、食料市場が適正に機能するように対策を講じる。

※1 ジーン・バンク(遺伝子銀行)とは、DNA・受精卵・精子・種子などの遺伝子資源を保存する施設のことである。

「コーヒー危機」がもたらした飢餓

飢餓の「飢」も「餓」も「うえる」と読みます。つまり「飢餓」とは読んで字のごとく、食べるものがなく、空腹を感じている状態を指しますが、問題なのはその状態がずっと続いて栄養状態が悪化し、健康にまで悪影響を及ぼすことです。

人々が飢餓に陥る原因は様々です。

例えば、干ばつなど異常気象や自然災害で食料生産が急激に減少することで起こることもありますし、あるいは、戦争やテロリズムのような人為的なものが原因になっているケースもあります。

このような場合は、飢餓が地域的な現象として起こっていることが多く、それ以外の地域では食料は十分に存在しているため、支援によって食料が提供されれば、比較的短期間で収まることもあります。逆に飢餓の状態が長続きしてしまうことがあれば、それは政府や国際社会の対応が不十分であるせいだと考えてよいでしょう。

また、どこかの国全体が飢饉に陥ってしまうようなときには、国連世界食糧計画（WFP）や国際協力によって食料支援が行われます。戦争によって難民になってしまった人たちには、国連難民高等弁務官事務所（UNHCR）や国際的に活動するNGOによる支援も行われています。

日本のような先進国の場合は、飢餓が個人のレベルで起こるケースが大半です。生活保護も受

けられず、何の支援も受けられなかった人がひっそりと餓死していたという痛ましいニュースが報道されることがありますが、このような個人レベルの飢餓に対しては、社会がもっと細やかな対策を講じる必要があります。

さて、コーヒーは世界中でおよそ2,500万世帯の農家が従事すると言われる巨大産業であるがゆえに、コーヒー価格が大幅に下落すると、世界中のいたるところで飢餓が起こることがあります。特にコーヒーが主要農作物となる中南米はその影響が大きく、実際、2001年に起きた『コーヒー危機』（P31）の際には、中南米の多くのコーヒー生産者の暮らしが立ちいかなくなり、多くの人々が慢性的な飢餓に陥りました。栄養失調に陥った挙句、生きるために農園を捨てて都市を目指し移動する姿も多く見られたのです。

「コーヒー危機」以降は、低迷するコーヒーの価格に危機感を抱く生産農家が、栽培する作物を多様化したり、他の仕事と兼業することも多く見られるようになりましたが、長い間コーヒー生産だけに頼ってきた開発途上国の資源の乏しい農村部で、コーヒー生産以外の産業を新たに興し、成功させることは至難の業です。

そのような地域では、引き続きコーヒー生産が主要な生計手段となっているため、政治情勢や天候の悪化など、様々な問題が複雑に絡み合い、飢餓が発生するケースは枚挙にいとまがありません。しかしそれと同時に、様々な理由で引き起こされる飢餓を、コーヒー生産を通じて克服す

る例も生まれています。

● コーヒー生産を通じて飢餓を防ぐ

　グアテマラやコロンビアなど、中南米のコーヒー生産地には山岳地帯の急斜面が多く、コーヒーの果実は一粒一粒丁寧に手摘みで収穫されます。

　これらの国々では、山岳地帯に古来から居住する多くの先住民族の人々が、コーヒーの栽培や収穫、選別に従事しています。先住民族の人々は代々部族に伝わってきた独特の文化を有し、話す言葉も異なります。元々彼らは自給自足の生活を送っていましたが、貨幣経済が導入された現代において、従来の暮らし方を続けることが難しくなっています。各国が遂げた経済成長からも取り残され、「貧困による飢餓や栄養不足」という問題に直面することになったのです。

　成長期に十分な栄養を取ることができず、発育不良で身長が十分に伸びないまま大人になった先住民族の人たちの中には、そのような栄養不足の生活が当たり前になってしまい、子どもを授かっても、親として子どもたちに栄養のある食事を与えることの重要性に気づくことができない人もいます。これはまさに負のループであり、一時的に食料を支援するだけでは問題の解決には

なりません。彼らが栄養バランスの取れた食事を規則正しく取ることの大切さを理解し、その習慣を身に付けることを後押しすることが大切なのです。

社会的配慮に優れた農園を訪問すると、多くの農園主が先住民族の人たちにとって学校教育が果たす役割の重要性を指摘します。読み書きや計算ができることが、将来の雇用機会を広げるために重要なのはもちろんですが、学校給食が果たす役割も決して小さくありません。労働者である親が農園で仕事をしている間に、子どもたちが学校に通えること、なおかつそこで栄養豊かな給食を食べる機会に恵まれることは、成長期にある子どもたちにとっては大変重要なことなのです。

グアテマラのサン・セバスティアン農園では、自分の農園の労働者に限らず、先住民族のすべての労働者の子どもたちのために農園内に小学校を開設していますが（この取り組みについては、第4章で詳しく取り上げます）、お昼休みには栄養豊かな給食も提供しており、昼食の時間は子どもたちにとって至福の時間になっています。どの子も笑顔で行儀よく並んで給食を受け取り、楽しそうに頬張ります。コーヒー農園が主体となるこの取り組みにより、子どもたちの栄養不足は大幅に改善されました。

なお、サン・セバスティアン農園に隣接する同じ一族が経営するサン・ミゲル農園にはクリニックも併設され、農園労働者とその家族及び地域住民たちの健康管理にも大きく貢献しています。

サン・セバスティアン農園にある学校の給食に並ぶ子どもたち

サン・セバスティアン農園で
友だちとおやつを楽しむ子どもたち

サン・ミゲル農園内クリニックの歯科。
この他に一般の診察室と薬局が完備されている

コーヒー生産とサハラ以南のアフリカにおける飢餓

世界で飢餓が特に深刻な問題となっている地域はアフリカのサハラ以南の地域です。

コーヒー発祥の地として、コーヒーが国の主要輸出品目のトップを占めるエチオピアは干ばつの影響を受けやすく、慢性的な食料不足が発生しています。有数のコーヒー生産地域、ジンマにおける調査でも、コーヒー生産農家の66％以上に食料が不足していることが報告されています。

同調査では生産農家の若者の15％以上に栄養不足による発育不良が認められ、そのうち3・5％はかなり重症なものでした。世帯収入の低い生産農家で育った若者の発育不良は、実に世帯収入が多い家庭の6倍にものぼっています。

さらに、子どもの数が1人が増えるごとに、発育不良の割合が20％も増加する傾向も報告されました。食料が慢性的に不足気味である中、家族が増えると元々少ない食料をさらに分け与えなければならないことが原因であるのは明らかでしょう。

しかし、その一方で、この調査が行われた地域の発育不良の人々の割合は、エチオピアのその他の地域（26・5〜28・5％）や、他のサハラ以南の国々で行われた調査の結果より低いということも指摘されています（ケニア15・6％、タンザニア21％、ナイジェリア24・2％）。この事実はコーヒー生産に携わり生計を立てることが、飢餓を救う手段の一つとなる可能性を示してい

るとも言えます。

コーヒー生産に携わる低所得層の家庭がより収入を増やせるような技術支援を行い、食料を得られる支援と組み合わせていけば、飢餓の問題解決への有効な手がかりとなるかもしれません。

● 紛争による飢餓を救った農園

飢餓は、紛争など、人為的な問題により引き起こされることもあります。

コロンビアの中部にあるフラグア農園は、風光明媚な山稜に沿った広大な敷地を有する農園です。1876年に開かれた非常に歴史ある農園で、5代目となる女性農園主のフォアニータ・シニステーラ・フンギートは、山の中腹までをコーヒーやマカデミアナッツ栽培に利用し、岩石の多い高地では牧畜を行っています。母屋の前に建設された精選工場には、1階部分に当地でのコーヒー生産の歴史を綴る様々な精選機材が保管されており、その様子はまるで小さなコーヒー博物館のようです。

実はフラグア農園には内戦で負った深い傷があります。

1995年、コロンビア国内で激化していた内戦は、ついにフラグア農園のあるクンディナ

マルカ県にまで及び、紛争に巻き込まれた農園はコロンビア革命軍（FARC）の支配下におかれたのです。農園に住んでいたフォアニータと家族はゲリラによって追い出され、自分の農園や施設に立ち入ることができなくなってしまいました。

2002年に新政権が誕生し、コロンビア革命軍は地域から撤退したため、農園もやっと解放されましたが、農園に戻ったフォアニータは、荒れ果てたコーヒー農園と周辺地域を目の当たりにして愕然としました。農園の多くのコーヒー樹は根こそぎ抜かれ、施設は荒れ果てていたのです。

農園で働いていた人々の家を訪れたフォアニータは、さらに強いショックを受けました。長引く内戦の影響で、食料の入手が困難にな

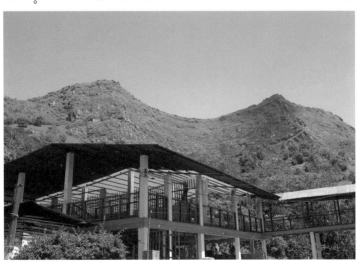

山稜に沿って拡がるフラグア農園

り、長期にわたる栄養不足から大人は痩せ細り、栄養失調の子どもたちの腹は大きく膨れ上がっていたのです。それは目を覆いたくなるような悲惨な状態でした。内戦の最中、ゲリラは人々の家を襲い、食料を奪い、12歳以上の子どもたちを戦士として連れ去っていたのです。

もともとコロンビアのこの地域は天候には恵まれており、干ばつや食料不足とは無縁でした。たとえ経済的に豊かだとは言えなくても、農園の長い歴史の中で人々が食べるのに困るような状況に陥ることなどない度もなかったのです。長い内戦は、前線で闘う兵士たちに食料が優先的に提供されるという不公平な状況を作り出し、それによって農園の人々は飢餓に陥っていたのです。

農園の復興に向け、フォアニータがまず取り組んだのは、蔓延する飢餓をなくすことでした。ところが家の外に出ることを極度に恐れる人々の警戒心を解くことは簡単ではありませんでした。地域に取り残された人々は、命を守るための唯一の手段として、家のドアや窓を釘で打ち付けたり、セメントで封じたりして、完全に閉じこもっていたのです。

そこでフォアニータは各家の前に様々な食べ物を入れたバスケットを置いて立ち去り、住民に栄養を与え、彼らの身体と精神的なダメージを回復させることから始めました。一軒ずつ家を回り、徐々に警戒心を解いてもらうための地道な努力を続けたのです。

そのような復興の第一歩の過程においても、農園のマネージャーはしばしば戻ってくるゲリラから何度も銃をつきつけられ、脅されたと言います。恐喝の電話がかかってくることもありまし

た。その度に、自分たちはこの地でただコーヒー栽培をしたいだけなのだと繰り返し、フォアニータは農園を守り続けたのです。

新政権の大統領は革命軍から土地を取り戻すことに注力し、また近隣にコロンビア軍の基地があったことも幸いして、農園は軍の後ろ盾で再建に着手することができました。

長い飢餓の苦しみを経験した人々に、二度と空腹な思いをさせまいと強く心に誓ったフォアニータは、広大な農園の一部に果樹や作物を植える区画を新たに設置し、農園で働く人々が自由に収穫できるようにしました。さらに、労働者の子どもたちが通うための小学校を作ったり、農園の人々の住居を改築するなど、労働者の生活を改善するための様々な取り組みにも着手したのです。自然保護にも力を入れ、農園は２００９年にレインフォレスト・アライアンスの認証を獲得するまでに成長を遂げました。

その復興の道のりは決して平坦なものではありませんでしたが、フォアニータは農園の人々の生活を改善するための努力を常に惜しみませんでした。彼女は地域を飢餓から救い、内戦からの復興をコーヒー生産を通じてやり遂げたのです。

「たまたまコーヒー農園主の家庭に生まれた私は恵まれています。だからその境遇を活かし、どう地域や人々の生活向上に貢献できるかを常に考えるのは、当然のことです。私たちは一つのチームであり、私は農園主として、働く人たちに恩返しをする責任があるからです」

次にフォアニータが目指すのは、コーヒーの品質をさらに向上させ、価値を上げることで、より多くの人々の暮らしが向上し、より多くの人々が教育を受けられるようになることです。そのような努力が、長期的にはコロンビアの国としての繁栄につながると信じているためです。

先祖代々受け継がれてきたコーヒー農園を守りながら、地域の人々と共に農園としてさらに成長し、コロンビアでも有数の品質を誇る農園となる。そして、内戦と飢餓を乗り越えた農園の歴史と復興の姿を、誇りを持って世界に伝えていく——。

それこそがコーヒー農園主である自身の使命だとフォアニータは考えています。

農園を見回るフォアニータ

コーヒーがもたらす健康と福祉

Good Health And Well-Being

➡➡➡ ゴール

すべての人の健康的な生活を確保し、福祉を推進する。

➡➡➡ ターゲット

1. 妊産婦の死亡率を減らす。
2. 新生児と5歳以下の子どもの死亡率を低下させる。
3. エイズ、結核、マラリア、熱帯病などの伝染病を根絶し、肝炎などの感染症を減らす。
4. 非感染性疾患[※1]による若年死亡率を減らし、精神的健康を促進する。
5. 薬物やアルコールの乱用を抑制する。
6. 交通事故による死傷者を減らす。
7. 家族計画などの性と生殖に関する保健サービスをすべての人々が利用できるようにする。
8. だれもが質の高い基礎的な保健サービスを受けられるようにする。
9. 有害化学物質、大気・水・土壌の汚染による病気や死亡を減らす。

a. たばこの規制を強化する。
b. 開発途上国の人々が必須の医薬品やワクチンを手の届く価格で使えるようにする。
c. 開発途上国の保健財政を拡大し、保健に関わる人材を育てる。
d. 健康危険因子を早期に警告し、対処する能力を強化する。

※1 非感染性疾患：WHOでは「不健康な食事や運動不足、喫煙、過度の飲酒などの原因が共通しており、生活習慣の改善により予防可能な疾患」と定義されている。

世界的に根深い薬物問題

人々が「健康的な生活を確保」し、「福祉を推進」するためには、ターゲット❶〜❾が示しているように社会が果たすべき役割はたくさんあります。

ターゲットの内容を見ると、❶、❷、❸などの基礎的な分野は、多くの先進国がすでに達成したものも含まれていることに気づくでしょう。そういう意味ではゴール3の達成に向けては、先進国が蓄積してきた知識・技術を開発途上国への支援に生かすことが重要です。特にターゲット❶や❷においては、実際にそれらが効果を上げ、世界的な規模で見れば、大幅に改善される傾向にあります。

しかし、決して問題がゼロになったわけではありません。問題の解決を阻む、他の要因の検討も含め、引き続き努力が必要です。

先進国を含めた世界的な問題として根強いのは、ターゲット❺の薬物やアルコールの乱用の問題です。

特に薬物に関して言えば、開発途上国で生産され、欧米を中心とする先進国で消費されるという流れがかつては一般的だったのですが、近年では、開発途上国での使用も増加傾向にあることが危惧されています。実際、2012年には国連薬物犯罪事務所（The United Nations Office on Drugs and Crime／UNODC）も「違法薬物の蔓延がMDGsの達成を阻害する」と警鐘を鳴らしています。UNODCのデータによると、2009〜2018年の間に、ケシの栽培量は130%、コカ樹は34%増加しているそうです。

そんな中、アヘンの撲滅に大きな貢献をなしたプロジェクトとして知られるのがタイの「ドイトゥン開発プロジェクト」です。

このプロジェクトの成功は、ターゲット**5**の実現を前進させたのみならず、結果的にターゲット**3**、さらにはゴール1（貧困をなくそう）、ゴール8（働きがいも経済成長も）、ゴール10（人や国の不平等をなくそう）、ゴール12（つくる責任 つかう責任）、ゴール13（気候変動に具体的な対策を）、ゴール15（陸の豊かさも守ろう）などの実現への道も開きました。

そしてその開発プロジェクトの中心にあったのが、アヘンの原料となるケシ栽培からコーヒー栽培への大がかりな転換だったのです。

● ケシ栽培と森林破壊

ドイトゥンとはタイの最北端の山岳地域のことです。

ミャンマーとラオスと国境を接するこの地域は、かつて「ゴールデン・トライアングル」(黄金の三角地帯)と呼ばれていました。

しかし、タイの中でも特に治安が悪いこの地域には、国境を越えて行き来する国籍を持たない山岳少数民族の人々が多く住んでいます。

2018年6月、洞窟に入った12人のサッカー少年とそのコーチが大雨によって戻れなくなり、その後、世界中から集まった救出ボランティアによって全員無事に救出された事故を覚えているでしょうか。

あの洞窟はドイトゥンの山のふもとにあります。事故の当事者となった12人のサッカー少年やそのコーチの約半数は国籍を持っていなかったという事実がのちに明らかになっています。

この地域で盛んに行われてきたのが、ケシ栽培です。

そのケシから精製されるアヘンを売りさばくことで大金を得る者がいる一方で、その生産者たちには十分な報酬は行き渡らず、彼らの暮らしはずっと貧しいままでした。

生活の苦しさを紛らわそうと自らもアヘンに手を出す人も多く、その結果、深刻な中毒症状にも苦しめられるという「貧困の悪循環」に陥っていたのです。

また、この地域のケシ栽培は、古くから「焼畑耕作」によって行われていました。

英語では「slash and burn cultivation」(「切って焼く耕作」の意)と呼ばれるこの焼畑耕作は、

かつてはゴールデン・トライアングルと呼ばれた地域

ドイトゥン開発プロジェクトが始まる 1988 年まで行われていた焼畑農業　出所／ MFLF

種まきの準備として山の斜面に火を入れ、森林を焼き払うことで、新しい農地を切り開く伝統的な農法です。

豊かな森林が育っていた場所を切り開いた農地は養分に富んでいるため、農作物も最初は順調に育ちます。しかし、新たな肥料を追加しないと、やがて養分はなくなり、当然作物は育たなくなります。そうなったときには別の場所に移動し、森を焼き払い、新たな農地を切り開くので、「移動耕作」（shifting cultivation）とも呼ばれているのです。

これだけ聞くとかなり無謀なやり方のように感じるかもしれませんが、人口が少なく、必要な農地の規模も小さかった頃は、新たに切り開ける土地が十分残っていました。養分が使い果たされた土地はそのまま放置されるものの、必要な時間をかけられるので再び森となるまで回復することは可能だったのです。そういう意味では、この伝統的な焼畑農業自体は、持続可能なものだったと言えるでしょう。

ところが、人口が増えるにつれ、新たに切り開ける土地が減ってくると、森が再生するまで待つことができません。森になるどころか、まだ十分に肥えていない土地まで焼き払わざるを得なくなり、その結果、次第に森林は失われていきました。

また、焼畑の範囲が広がるにつれ、そこで発生する大量の煙が、近隣の地域や国々の人々の健康を害するという別の問題も生まれたのです。

空からやってくる「お母さん」

1970年代の初めからしばしばドイトゥンを訪れては、そこに住む人々の貧困と森林破壊に心を痛め、ケシ栽培をやめさせて、この地域に住む少数民族の暮らしを改善しようと尽力したのがタイの前国王（プミポン国王）の母であるシーナカリン王太后（1900〜1995年）です。

当時、この地域には道路が整備されておらず、ヘリコプターでやってくる彼女のことを現地の人々は親しみを込め、「メーファールアン」と呼んでいました。タイ語でメーは「お母さん」、ファーは「空」、ルアンは「王室」を意味します。つまり、人々にとって王太后は「空からやってくるお母さん」だったのです。

もともとは庶民の出身の王太后は、9歳で父母を亡くし、その後王女の宮女として出仕します。そこで学校に通う機会を得た彼女は、16歳の頃から看護師として働いていましたが、王室の奨学金を得て、アメリカに留学します。そこで出会ったのが、ラーマ5世の息子であるマヒドン王子で、2人は20歳の頃に結婚し、3人の子どもに恵まれました。

マヒドン王子はタイに近代的医療を導入し、のちに「タイの医療の父」と呼ばれる功績を残しましたが、38歳という若さで亡くなります。その後、立憲革命や様々な偶然が重なり、2人の息子は続けてタイ国王になりました。そうして、シーナカリン王太后は国王の母となったのです。

シーナカリン王太后はヘリコプターに乗ってどんな辺鄙なところへも出かけて行った

多くの人々に慕われていたシーナカリン王太后。メーファールアン財団の設立者でもある

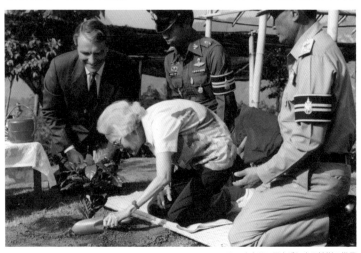

シーナカリン王太后による植樹の様子

王太后という地位にあっても、どんな人とも対等の視線に立つ王太后は、多くの人に慕われました。看護師であった経験を活かしてアヘンの危険性を訴えながら、一人一人の状況を見極め、それぞれの状況に合った適切なアドバイスをし、問題を一つ一つ解決しようと努力していたのです。

☕ どうやってケシ栽培をやめさせたか

シーナカリン王太后の意志を受け継ぎ、息子のプミポン国王もケシ栽培を続けている村を数多く訪れています。村の人たちは歓迎の意を表しつつも、内心では、ケシ栽培を無理やりやめさせるために国王はやってきたのではないかという恐れを抱いていたのではないでしょうか。

ところが、国王は彼らを批判するようなことはひと言も言いませんでした。それどころか、「ケシはこうやって栽培するほうがよい」とアドバイスさえしたのだそうです。しかしそれは、農民たちが置かれている状況を理解した上で歩みより、信頼を得るための、プミポン国王なりのやり方だったのです。

村の人たちとの信頼関係を築きながらプミポン国王は、危険を冒してケシを栽培しても得られ

る収入はそのリスクの大きさを考えれば極めて低いという現実に気づかせたのです。プミポン国王は「ゴールデン・トライアングル」が、「貧困のトライアングル」でしかないと訴えました。

もちろん、シーナカリン王太后同様に、アヘンが心身に及ぼす悪影響についても警鐘を鳴らしました。

ケシの栽培は世界中で大きな問題として認識されており、その多くは軍や警察の力を使って強制的にやめさせようとしています。中にはアヘンの取引に関わった者は射殺されるという地域もあります。

それとは対照的にシーナカリン王太后やプミポン国王が試みたのは、あくまでも理解と説得でした。そしてそれがケシ栽培をやめさせることに成功した大きな理由の一つだったのです。

複合農業で目指す持続可能性

「ケシの代わりにコーヒー樹を植える」というプミポン国王のアイデアは、森林の再生と共に、1987年にシーナカリン王太后が発案した「ドイトゥン開発プロジェクト」の大きな柱になりました。

ケシとコーヒー樹の栽培環境は似ているため、理論的にはケシが植えられるところでコーヒー樹も育ちます。しかしだからと言って、ケシの代わりにコーヒー樹を植えればそれですべてがうまくいくというわけではないし、森林の再生にしても、ただ植林すればそれでいいというわけではありません。

「ドイトゥン開発プロジェクト」の目的は、あくまでも「貧困に根ざした悪循環からの脱却」であり、コーヒー栽培への転作や森林の再生はその手段にすぎないのです。

植林を進めながら貧困からの脱却を図るためには現金収入をもたらすコーヒーと同時に、食料となる作物も必要となります。

それを踏まえて実践されたのが、標高に応じた分業でした。

すなわち、

❶ 標高の高いところには植林し、森林面積を増やす。

❷ ❶より低いところにコーヒーやマカデミアナッツなどの木を植え、現金収入につなげる。

❸ ❷よりさらに低いところは米や野菜を栽培し、並行して魚や鶏や豚を飼う。

コーヒー栽培の面積を大きくするほうが大きな利益を得られると思うかもしれません。しかし、

3
コーヒーがもたらす健康と福祉

それでは、価格の暴落や病虫害の被害の影響が大きくなるというリスクは避けられません。「ドイトゥン開発プロジェクト」では分業によって作物を多様化してそれを防ぎ、持続可能性の維持につなげました。これがプミポン国王の「足るを知る経済」の考え方であり、「複合農業」の形なのです。

その他、少数民族の伝統織物などを商品化して現金収入に結び付けたり、学校や診療所などのインフラを整備して教育と保健サービスを充実させたり、無国籍者の国籍取得を支援するなど、包括的なアプローチがとられた結果、1990年代にはついに、タイ国側でのケシ栽培は根絶されました。

2002年には、UNODCによって「ドイトゥン開発プロジェクト」の功績が称えられ、こ

複合農業の様子。竹を使って引いた水を池に貯め、その周辺には様々な野菜などが植えられる

のプロジェクトが生み出す製品には「この製品の売り上げは違法薬物の撲滅に貢献します。かつてアヘン製造に関わっていた人たちが今ではそれを止め、持続可能で合法な収入を得るために役立つ製品です」と認定したラベルを貼ることが許可されています。

「ドイトゥン開発プロジェクト」を実施したメーファールアン財団には豊かな資金と政府の支援がありました。とはいえ、このプロジェクトから得られる知識は、一つのパイロットモデルとして他の地域でも十分に応用できるはずです。実際にタイの他の地域やタイ国外でも実践され、効果をあげています。

ただ、ドイトゥンでケシ栽培が行われなくなったことで、アヘンの栽培地はアフガニスタンへと移動してしまいました。そういう意味では、まだまだ課題が残されていると言えます。

☕ 大事なのは品質の高いコーヒー豆の生産

コーヒーが貧困層の収入源となると聞いて、同じようにコーヒー樹を植えることを勧めるNGOやボランティア団体は多いようです。しかし、当然ながらただコーヒー樹を植えればいいというわけではなく、品質の高いコーヒー豆を生産・供給してこそ、持続可能性は維持できるのです。

苗作り

コーヒー収穫

プロジェクトの試験区。プロジェクト開始以前は、作業
効率や土壌流出を考えず、レイアウトもなしにコーヒー
を植えていたが、等高線に沿って樹間を揃えて植えるこ
とを習得し、技術普及員が各村で指導している

ドイトゥンコーヒー技術普及員達。写真後方のキャップ
をかぶっている筆者の川島は、2014年から財団のアド
バイザーとして、より効率的で品質の高いコーヒーを生
産するための技術支援をしている

花が好きだったシーナカリン王太后が作った庭園。観光
スポットとなり、毎年多くの観光客が訪れる。この美し
い庭園を管理するために、少数民族の人々の雇用を生み
出している

そこにはいくつかの乗り越えなければならないハードルがあります。

一つは栽培手法の確立です。品質の良いコーヒー豆を安定して収穫するのは簡単なことではありません。ケシ栽培からの転換であればコーヒー樹の栽培にも適している可能性が高いものの、そうでない場合は環境を吟味する必要もあります。もちろん、肥料も与えなければないし、剪定も重要な作業となります。

もう一つは収穫後の精選のプロセスです。コーヒーの場合、このプロセスによって品質が大きく変わってきます。

さらに、それらがうまくいったとしても、最終的にそれがコストに見合った金額で売れなければ意味がありません。最近のコーヒーの国際相場は低すぎて、コストの回収がやっとだというケースは多く、それでは貧困から抜け出すことはできません。貧困から抜け出せなければ、再び生産者たちがケシ栽培へと戻っていく危険性もあります。

メーファールアン財団のもう一つのプロジェクト

焼畑・移動耕作は伝統的な農法であるとはいえ、森林破壊や煙害を引き起こすという深刻な問題がありました。

実はメーファールアン財団は、ラオス国境近くのナーン県でもこの問題に取り組んでいます。

この地域に住む少数民族は、長年にわたり陸稲とトウモロコシの移動・焼畑耕作を続けてきました。そこで財団は、約80戸の農家の土地を一旦借り上げて、大型重機を必要としない人力で作れるテラス式の開墾方法や効率的な栽培指導をしながら、そこをコーヒー畑に変える「ナーンプロジェク

開始されたナーンプロジェクト。簡単に作れるテラス式の畑。既にシェードツリーの苗木は植えられており、棒が刺さっている所にコーヒー樹が植えられる

3

コーヒーがもたらす健康と福祉

ト」も立ち上げました。

参加する農家には、圃場（ほじょう）の開発からコーヒーの収穫ができるまでの5年間は、作業の対価として焼畑耕作で得ていたのと同じレベルの年収分を、財団が給与として保証します。このプロジェクトの目的は、焼畑・移動耕作をやめて技術指導しながら定着型農業へと変換し、少数民族の生活を安定化させることです。

「施しではなく、一緒に改善し少数民族が独り立ちできるようにする」という財団の考え方がここでも発揮されています。

質の高い教育を
みんなに

コーヒーがもたらす教育

Quality Education

➡➡➡ ゴール

すべての人に包摂的で公平な質の高い教育を保証し、生涯学習を受ける機会を与える。

➡➡➡ ターゲット

1 すべての子ども※1 が女子・男子※2 の区別なく公平で質の高い初等・中等教育を無償で修了できるようにする。

2 すべての子どもに女子・男子の区別なく質の高い幼児教育を受ける機会を与え、初等教育を受ける準備が整うようにする。

3 すべての人々が女性・男性の区別なく質の高い技術・職業教育および大学を含む高等教育を平等に受けられるようにする。

4 若者にまともな仕事と起業に必要な技能を身に付けさせる。

5 教育におけるジェンダー格差をなくし、障がい者、先住民、脆弱な立場にある子どもなどの脆弱層が、すべてのレベルの教育や職業訓練に平等にアクセスできるようにする。

6 すべての若者とほとんどの成人男女に、読み書きと基本的な計算能力を身に付けさせる。

7 すべての学習者に、「持続可能な開発のための教育」(ESD)、持続可能なライフスタイル、人権、ジェンダー間の平等、平和と非暴力の文化、地球市民 (global citizenship)、文化的多様性の尊重、持続可能な開発への文化の貢献など、持続可能な開発に必要な知識と技能を習得させる。

ⓐ 教育施設を、子ども、障がい者、ジェンダーに配慮したものにし、すべての人に安全・非暴力的・包摂的・効果的な学習環境を提供する。

ⓑ 開発途上国、特に後発開発途上国・小島嶼開発途上国・アフリカ諸国の人たちが、高等教育（職業訓練、情報通信技術 (ICT)・科学技術・工学・科学プログラムを含む）を先進国や他の開発途上国で受けられるように奨学金を大幅に増やす。

ⓒ すべての開発途上国における教員研修のための国際協力などを通して、質の高い教員の数を大幅に増加させる。

※1 SDGsの正式な訳では「子供」が使われているが、「供」には「従者」の意味があり、「子ども
　は大人に従うべきであり、大人は子どもに対して何をしてもよい」という誤った考え方を避
　けるため、ここでは「子ども」という表記を用いた。

※2 ここで「女子・男子」としたのは英語版で「all girls and boys」となっていて、女子のほう
　が先に来ているからである。普通、日本語では「男女」とされるが、この言葉は、暗黙のうち
　に男性のほうが優位にあるということを意味していることに注意する必要がある。

☕ コーヒー農園と子どもたちの教育

国際労働機関（ILO）で1973年に採択された「就業が認められるための最低年齢に関する条約」では、就業可能な最低年齢は義務教育を終了する年齢（原則として15歳）と定められています。日本でも、中学を卒業する前の子どもたちを働かせる、いわゆる「児童労働」は法律で禁じられるとともに、教育の機会を与えることが図られています。

ただ、開発途上国の場合は例外的に、「就業最低年齢は当面14歳、軽労働は12歳以上14歳未満」とすることが認められています。この例外が認められる理由のほとんどは貧困です。

また、義務教育の年数は開発途上国のほうが短い傾向にあり、6歳から11歳までの5年間だけという国や、そもそも義務教育制度そのものが存在しない国もあります。さらに、義務教育の権利自体はあっても、地理的な問題で通える学校がないなど、様々な理由で教育を受けられない子どもが世界にはたくさんいるのです。

コーヒーの栽培適地には辺鄙な山岳地帯も多いため、コーヒー農園の労働者の子どもたちの中には何時間もかけて街の学校まで徒歩で通っている子もいます。

とはいえ、幼い子どもたちは通学自体が難しく、たとえある程度の年齢に達しても通学時の誘

拐などの危険が無視できない治安の悪い場所もあります。そうなると学校に行かせないという選択をせざるを得なくなりますが、そういう場所では強盗などの犯罪が頻繁に起こるため、子どもを家に残しておくこともまた大きな危険を伴うことになります。それを避けるために農園に同行し、親の仕事を手伝っている子どもたちはたくさんいます。

親から農園の仕事について学ぶこと自体は悪いことではありませんが、コーヒー農園には子どもには負担が大きすぎる労働もたくさんあります。

例えば、収穫したコーヒーの実を袋に詰め、その重い袋を担いで山を下るような作業は軽労働などではなく、それを子どもたちが担えば、発育に悪影響が及びかねないでしょう。また、農薬の散布や高い枝の剪定などは、大人であっても安全確保のための防具や訓練が必要な作業であり、子どもに担わせることは避けるべきものです。

たとえ軽い労働だとしても、年中働いていれば、子どもたちは教育を受ける機会の多くを奪われてしまいます。

また、コーヒー農園は通常2〜4カ月間の短い収穫期に多くの労働力を必要とするという特殊な事情があり、多くの季節労働者が雇われます。このような季節労働者の子どもたちが、親と一緒に農園を転々とすれば、教育を受ける機会を確保するのは容易ではありません。

このことは、過重な労働を担わせることと同様に非常に深刻な問題であるにもかかわらず、長

い間、見て見ぬふりをされてきたという現実があります。

そんな中、季節労働者を含め、農園で働くすべての労働者の子どもに積極的に教育の機会を与えようとする農園も生まれています。

例えば、朝食や昼食を無償で提供するなど、労働者の労働環境を整えるための様々な支援を行っているパナマの農園では、収穫期に季節労働者として農園にやってくる先住民族のノーヴェ族の言葉を話せる家庭教師を雇い、農園の一角で子どもたちに教育の機会を提供しています。

また、季節労働者の宿泊棟に子どもの宿泊を認めないという対策を取る農園もあります。その一方で、家族に会ったり、身体を休めるために休暇を取ることを奨励するのです。そうすれば労働者の家族は自宅に住み続けることができるため、子どももあちこち連れ回されることなく、決まった学校に通うこともできます。

これらの対策は、「コーヒー産業は子どもの教育を支援すべきであり、子どもの教育を妨げたり、子供が搾取されるようなことがあってはならない」という考えのもとに講じられたものです。そしてそのような社会的な配慮をしている農園には、次の収穫期に自然に労働者が戻ってくるというプラスの効果も生まれています。

労働者の子どもたちの教育への配慮は、農園維持という観点からも必要な姿勢になりつつあるのです。

コーヒーで「教育」と「仕事」をつなぐ

そもそも教育機会が限られている地域で子どもたちが学校に通うには、第2章でも触れた給食の提供などがモチベーションとなる場合が多々あります。

とはいえコーヒー生産をその地域で持続可能な産業とするためには、ただ子どもたちが学校で「勉強する」だけでは不十分です。卒業した多くの若者が、コーヒー生産ではなく、都市や街に働きに出ることを選択してしまえば、農村の未来を担う人材は都市部に流出し、コーヒー生産地での人手不足を招きます。つまり必要なのは、コーヒー生産についての理解と誇りを育てることなのです。

そして中には、学校教育と就労の機会を実質的につなぐことに成功している農園もあります。

第2章で紹介したグアテマラのサン・セバスティアン農園は、1890年に開設された歴史ある農園です。3つの火山に囲まれた盆地でアンティグア近隣にあるこの農園では、古くからその地域に住んでいた先住民族の人たちが、コーヒー栽培や収穫に携わっています。彼らにとって、自分たちに受け継がれてきた文化を守りつつ、経済成長を遂げた社会で生活していくために、コーヒー農園での仕事は大変重要なのです。

自分たちのコーヒーを世界各地に送り届けることができるのは、先住民族の人たちの支えがあ

るからこそだと考えた2代目総支配人のサルバドール・ファジャは、先住民族の子どもたちへの教育を農園経営の最重要課題の一つとして掲げ、1944年に農園内に先住民族の言葉による教育を行う「サルバドール＆ロサリオ・ファジャ・スクール」を開設しました。

農園で働く労働者にとどまらず、地域の子どもたちにも広く門戸を開いたこの学校の運営はすべて農園が支援し、グアテマラ教育省が定めた必須科目に加えて、音楽（マリンバ演奏）、コンピュータ、体育などの科目も取り入れています。

また、2009年には、より年齢層の高い子どもたちに教育の機会を提供するため、小学校に加え中等教育も開始されました。

この学校の特徴は、コーヒー生産に興味を持つ子どもたちがその知識を深めることにより、将来誇りを持ってコーヒー生産に携われるような工夫が凝らされていることです。

小学校のうちから、校外学習で苗の育成や植林を体験するなど、環境保護の大切さも身をもって学ぶことができます。さらに、中等教育では、必修科目に加え、コーヒー生産において実質的に役立つ科学や知識を学ぶ「コーヒー・ディプロマ」を備え、その後の就労に役立つ道筋も準備されているのです。

実際に農園に行くと、この学校で教育を受けた人たちが、農園で活き活きと働く姿が見られます。彼らがコーヒー生産に誇りを持って取り組む姿勢は、整備の行き届いた農園や、ピカピカに

サン・セバスティアン農園にある「サルバドール＆ロサリオ・ファジャ・スクール」

磨き上げられた清潔な精選工場の様子にも溢れ出ています。

5代目の総支配人となったエストワルド・ファジャは、教育への貢献をさらに推し進め、2019年には4名の若者にコーヒー栽培の学士課程に進むためのスカラシップを提供しました。

また、大学に通う人たちには、農園での就労時間と大学に通うための時間を調整しながら勤務が続けられる制度を導入するなど、仕事をしながら学び続けるための仕組みを整えています。

注目すべきなのは、今では大農園となったサン・セバスティアン農園も、開設当時は他の農園と何も変わらない、ごく普通の農園だったということです。

そんな農園を成功に導いたのは、まさに教育の成果であり、その教育に私財を投じることで地域に貢献し続けてきた先代の当主たちの優れた先見の明を感じずにはいられません。

彼らが目指した教育は、単に学校を卒業することや、学歴を得ることではありません。

コーヒー生産地の人々の暮らしが向上するためには、何を学ぶことが必要かを考え、その機会を作り上げていったのです。

そのような学びの場を一から作り上げたからこそ、サン・セバスティアン農園は成功を収めることができたのだと言えるでしょう。

また、広大な国土で、55万を超える生産農家がコーヒー栽培に従事し、南米有数のコーヒー生

産国でもあるコロンビアでは、1970年代にサンタンデール県の辺境にあるコーヒー産地に、学校に通うことができないコーヒー小規模農家の子どもたちのための学校が初めて作られました。

この学校は「新しい学校（Escuela Nueva）」と呼ばれ、1982年にはコロンビアコーヒー生産者連合会（Federación Nacional de Cafeteros de Colombia／FNC）傘下のカルダス県連合会（Comité de Cafeteros de Caldas）が、県内の辺境地域に住むすべてのコーヒー小規模農家の子供たちに初等教育を提供するための正式モデルとして採用しました。以後、カルダス県の地方自治体や地元の民間企業なども支援に加わり、のべ55,000人の子どもたちが「新しい学校」の教育を受けてきました。

カルダス県の「新しい学校」では、幼稚園から中等教育までの教育が提供されています。さらにFNCは1996年に、カルダス県で学ぶ小学6年生から高校生までの生徒たちを対象とした「学校とコーヒープログラム（Escuela y Café）」を開始しました。

このプログラムは、小規模農家の子どもたちが学校で学んだことを、自分たちの家族のコーヒー農園やビジネスに直接役立てることを目的としています。子どもたちはコーヒー栽培やビジネスに必要な様々な座学に加え、学校のコーヒー区画で栽培技術指導を受け、さらには自分たちの家族の農園に新たな区画も設置して、そこで学校の指導内容を実践します。このプロセスには親やFNCの技術サポートサービスも加わることから、世代を超えた教育支援につながる仕組み

となっているのです。

「学校とコーヒープログラム」は大きな成功を収め、今までに1,000人を超える若者たちが、地域に残ってコーヒー産業に関わっていくことを自ら選択しました。

2019年には、カルダス県の教育プログラムへの第三者機関による評価が行われましたが、59％の卒業生が、「自分たちが家族のコーヒー農園の管理に携わった結果、農園の経営が安定した」と答えています。さらに70％以上の卒業生が、学んだ知識や経験を活かし、将来的に幅広くコーヒービジネスに関わっていきたいと答えているのです。

カルダス県での教育支援は、コロンビアのほかの地域でも採用されたほか、国境を超え、ペルー、チリ、ニカラグア、メキシコ、ベトナム、モロッコにも共有されました。ベトナム政府とモロッコ政府は、自国の農村地域の教育向上のために、カルダス県のモデルを導入することを目指しています。

2020年、「学校とコーヒープログラム」は、農村部の実態とニーズに沿う教育システムを作り上げたことがSDGsのゴール4（質の高い教育をみんなに）に、さらには、コーヒー生産

「新しい学校」にて学ぶ子どもたち

への技術指導によって生産性と収益性を上げたことがゴール1（貧困をなくそう）に貢献したことが認められ、コロンビアの国連グローバル・コンパクトとボゴタ商工会議所から表彰されました。

🫘 真の教育支援とは？

開発途上国を援助する方法として教育が取り上げられることが多いのは、教育は多くの人が関心を持ちやすく、かつ反対の少ない分野であるからです。中でも学校を建てるという目的は、人々の善意を喚起しやすく、比較的多くの寄付金が集まります。

しかし、たとえ立派な学校が建ったとしても、教える先生がいなければ教育はできません。そして実際、教員を確保できないという問題を抱えている開発途上国は珍しくないのです。また、中には母国語の教科書が存在しない国もあります。

さらに、そもそも山奥に住む子どもたちにとって学校に通うのは容易なことではありません。もちろん、裕福な家であれば寄宿学校という方法もあるかもしれませんが、貧しい農家にはそのような余裕はありません。

つまり、学校を建てることだけが、教育支援になるわけではないのです。物理的な学校だけが

教育の舞台ではありません。

ＩＴ化が進んだ現代なら、様々な支援の方法が考えられます。例えば通信教育やインターネットを使えば学校に通わなくても教育を受けることができます。場合によっては、むしろそのほうが質の高い教育が受けられることもあるでしょう。このような場合、通信教育やＩＴの利用による教育が受けられるような整備を行う支援のほうが、学校を建てるより効果的かもしれません。

また、ひとくちに教育と言っても、その内容はその国の政治的な問題に関わってきます。もしもそれが国際社会から問題視されるような独裁的な指導者の言葉をひたすら暗記させるようなものだとしたら、それは本当に子どもたちのためになるのでしょうか。

教育というのは実は非常にデリケートなテーマであり、その支援は決して簡単ではないのです。

コーヒーがもたらす教育

5 ジェンダー平等を
実現しよう

コーヒー生産とジェンダー平等

Gender Equality

➡➡➡ ゴール

ジェンダー平等を達成し、すべての女性と女児をエンパワーする。

➡➡➡ ターゲット

1 すべての女性と女児に対するあらゆる形態の差別を終わらせる。

2 人身売買・性的搾取・その他の形態の搾取を含め、すべての女性と女児に対するあらゆる形態の暴力を取り除く。

3 児童婚や強制結婚、女性器切除など、あらゆる有害な慣行を撤廃する。

4 無報酬の育児・介護や家事労働の価値を認め※1、そのために社会的サービスを提供し、家庭内での責任分担を進める。

5 政治、経済、公的生活のすべてのレベルの意思決定において、女性が十分かつ有効に参画し、リーダーシップの機会が平等に与えられるようにする。

6 性と生殖に関する健康と権利がすべての女性に確実に与えられるようにする。

ⓐ 女性に対し経済的資源に対する平等な権利を与え、土地などの資産の所有・管理、金融サービス、相続、自然資源にアクセスできるようにする。

ⓑ 女性のエンパワーメント※2を促進するため、「実現技術」、特に ICT を利用できるようにする。

ⓒ ジェンダー平等と、すべての女性のエンパワーメントを促進するために適切な政策と法整備を進める。

※1 GDP のようなマクロ統計には、価格の付かない家事労働は反映されてこなかったが、主に女性が行う家事労働が正当に評価されていないという批判から、GDP のようなマクロ統計に無償労働の価値を反映させようとする試みが行われている。

※2 エンパワーメントとは「個人として、そして／あるいは社会集団として、意思決定過程に参画し、自律的な力をつけること」(外務省 HP) という意味がある。

☕ コーヒーとジェンダー

ジェンダーとは、社会的、文化的に分類される性別のことを指します。いわゆる「女性」「男性」という生物学的な性別に限られるものではなく、Lesbian（レズビアン、女性同性愛者）Gay（ゲイ、男性同性愛者）、Bisexual（バイセクシュアル、両性愛者）Transgender（トランスジェンダー、性別越境者）といった性的少数者（LGBT）を含むものです。さらに近年は、自分の性別がわからない（Questioning）など、LGBTに当てはまらない人の存在にも配慮し、LGBTではなく、LGBTQと表現すべきだという声もあります。

しかし、世界には法律的に同性婚が重罪にあたる国も数多くあることから、SDGsでは、ジェンダーの平等に本来なら含まれるべきLGBTを入れることに合意できませんでした。「誰一人取り残さない」というSDGsの概念自体に当然LGBTも含まれているとする人もいますが、本来であれば、ゴール5に明記すべき問題です。人の性のあり方は様々であり、それによって差別される社会は、真に公平な社会とは言えないのです。

昨今日本でも、ジェンダーの平等や多様性を認める重要性が訴えられるようになりましたが、ジェンダーの問題は非常に複雑で、国の文化や社会構造にも深く根ざすからこそ、SDGsの多くの項目に横断的に及んでいるのです。

コーヒーは、そのほとんどが開発途上国で生産されますが、途上国の農村部における女性の労働力は大変重要で、その数は男性よりも多いことがよくあります。そこには、内戦や虐殺、HIV/AIDSの蔓延、より良い収入を求め街に出稼ぎに出るなどの理由で、農村部の男性の労働力が減ったため、結果的に女性や子どもが農業に従事することになったという事情もあります。

国際的な問題として、女性の役割の重要性が議論されるようになったのは1970年代以降のことです。1970年代には「開発と女性 (Women in Development／WID)」、1980年代からは「ジェンダーと開発 (Gender and Development／GAD)」という概念が提唱され、議論されてきました。

WIDが開発の中での女性の地位向上を図るというアプローチであるのに対し、GADは社会におけるジェンダーの関係を把握し、変容させようというアプローチでした。1995年に開催された第4回「世界女性会議」では、「ジェンダーの主流化 (Gender Mainstreaming)」という概念が提唱され、法律、政策、事業など、あらゆる分野のすべてのレベルでジェンダーの視点を取り入れ、ジェンダーの平等を達成すべきだと説かれています。また、農業分野においても、その成長を支えていくために必要なジェンダーの平等が議論されています。

そもそも、コーヒー生産農家の仕事には、コーヒー樹の栽培から収穫、精選、出荷、販売など、多くのプロセスがあり、女性はその多くにおいて重要な役割を担ってきました。それにもかかわ

らず、女性がコーヒー農園で働いていても、男性と同じように経営に関わったり、組合に入り融資や技術支援を受けることが難しい地域はまだまだたくさんあります。

そのようなジェンダーの不平等は、女性が土地の所有権を持つことが慣習的に困難である国や地域においてはさらに顕著です。多くの国で伝統的に重んじられてきた家庭の中での女性の役割が、家事も子育ても一手に引き受けるマルチタスクであるため、男性に比べて女性は学校からも遠ざけられ、女性の貢献は正しく認識されてきませんでした。

コーヒー農家の女性も、農園での労働、家庭内での労働と、多分野の労働を担っているにもかわらず、その貢献が社会的に認められない例が多々あります。それは、世界が抱える大きな課題であり、その流れを変えようという動きは世界中のあちこちで、そしてコーヒーの生産地でも生まれています。

☕ バリューチェーンでも評価されない「女性の労働力」

次ページの図は、コロンビアコーヒー生産者連合会（FNC）が示した、コロンビアのコーヒー栽培における典型的な男女参画例です。

この図には、力仕事の多い農園整備や除草、妊婦への危険が高い農薬散布は男性が受け持ち、それ以外の、会計、収穫、労働者の世話や管理などには、女性と男性の双方が関わっていることが示されています。また、コーヒーの品質にとても大きな影響を与える精選作業は女性が受け持つ一方で、その品質が反映される価格交渉や販売の多くを男性が受け持っていることも示されています。

コーヒー栽培農家と言っても、コーヒーだけを育てていれば生活できるわけではありません。

その多くは、家庭で消費するための家庭菜園や養鶏も行い、また料理や掃除などの家事全般や子育てもしなければなりません。

そしてこれらを一手に引き受けているのは女性です。しかも、一家の面倒を見る家事には、1年中休みがありません。

コロンビアのコーヒー農園の男女参画例

男性　　　　　　　女性

会計管理

農園整備・除草

植え付け・追肥

農薬散布

収穫作業

農園労働者管理

コーヒーの精選

コーヒー価格の交渉・販売

家族の生活に必要なコーヒー栽培以外の仕事

子育て

掃除

料理

家庭菜園

養鶏

FNC提供の図を元に作成

また、女性の労働時間はとても長いにもかかわらず、コーヒーの価格交渉や販売には関わらないため、収入へのアクセスは男性に限られています。自分の労働対価としての収入がなければ、たとえ女性が家族の食料や衣類などのためにお金が必要であっても、男性からお金をもらうしかないことになります。女性の労働が無償労働という扱いを受け、生活に必要なお金ですら男性から貰わなければならないと、金銭的にも精神的にも男性に依存する関係は解消されず、女性自身も「自分は男性に依存しなければ生きられない存在なのだ」と認識してしまいがちです。

このようなジェンダー配分の明らかな不均衡は世界各地で見られ、そして多くのコーヒー生産国には古くから根付く男尊女卑の文化や、女性と男性の役割に関する固定観念があります。

例えば、アフリカのウガンダでも、女性は農園で働いているにもかかわらず、コーヒーの販売で収入を得るのはほぼ男性だけに限られています。これは、ウガンダでは伝統的に女性に土地所有権が認められてこなかったことも大きな原因です。

ウガンダの生産者グループを対象に行われたある調査では、コーヒーは男性が所有権を持つ土地で穫れる作物なので、「男性の作物」だという考えが根強いことが、女性、男性の双方へのインタビューからわかっています。女性や子どもたちは、コーヒー農園で働いても、コーヒーの販売に関わらないため、自分たちのコーヒーの販売価格を知らないケースさえあったと言います。

しかも、コーヒーの収穫期のピークにおける男性の1日の平均労働時間は8時間であるにもかか

かわらず、コーヒー農園での仕事に加えて家事を一手に引き受ける女性の労働時間の平均は、15時間にのぼりました。女性が男性からドメスティック・バイオレンスを受けたり、家計に困った女性が男性に隠れてこっそりコーヒーを売って収入を得るという事例も報告されています。

また、夫である男性が亡くなり、遺言によって妻である女性が土地を管理することになった場合も、周囲に「土地は男性のもの」という固定観念が根強く残るため、コーヒー農園の経営に関わる女性が周囲から陰口を言われ、傷ついているという訴えもありました。そのせいでコーヒー栽培を諦めて土地を売ったり、息子の成長を待って土地を譲渡している女性が多く存在すること

も明らかになっています。

女性を支える社会基盤の脆弱さは、女性の進出を妨げる直接的な要因になっていますが、仮にそのような点が改善されたとしても、社会での女性の役割についての固定観念が強いと、女性は無意識のうちに諦めてしまうこともあります。これは、途上国の女性に限った問題ではなく、日本で女性の管理職や、政界での活躍が極めて少ないのは、ジェンダーの平等が根本的に社会に浸透していないからとも言われます。

この調査が行われたウガンダの生産者グループの一部は、フェアトレード認証を獲得しており、調査結果を受けて、ジェンダーの平等に向けた様々なワークショップが行われました。

ただし、ジェンダーの平等のためには、女性のエンパワーメントのみをすればよいのではなく、

男性にも女性の役割や、女性に対する不平等な扱いと男女の固定的な役割分担がもたらす結果について、共に考える機会が必要です。このプロセスは、古くから伝わってきた男尊女卑の観念への介入となるため、注意深く行う必要があります。

多くのコーヒー生産国において、コーヒー栽培は小規模農家の重要な収入源であるからこそ、コーヒーのバリューチェーンにおいて女性の役割を明確にし、コーヒーによる収益から女性が男性と対等な対価を得るような仕組みを作り上げることが必要なのです。そのような意識改革が進み、女性がさらにコーヒー栽培に興味を持てば、結果的にコーヒーの品質や収穫量も改善されていくはずです。

☕ コロンビアの女性グループの成果

先に挙げたFNCは2013年に、コロンビアのコーヒー生産者に残るジェンダー不平等を農協と協力して改善するために、「ジェンダー平等プログラム」をスタートさせました。

2019年8月の時点で約800名がこのプログラムに参加しています。

参加者のうち約70％は既婚女性で、残りの約30％には離婚経験者や寡婦が含まれます。既婚女

性の家庭ではかつて、意思決定権は完全に男性にありました。

男性優位社会であるコロンビアでは、女性はコーヒー生産に参加していてもビジネスや販売に関わることができず、様々な農園での仕事に加え家事もこなしていても、完全に無給であるのが当たり前でした。

また、家庭内でお金を握る男性は、飲酒など自分だけの目的に収入を使いがちで、家族の生活費を使い込んでしまうことも多々あります。

このような社会構造は、男性による女性へのドメスティック・バイオレンスや、男性が亡くなってしまうと家族の生計が立ちいかなくなるという事態にもつながっていたのです。

そこでFNCは、より健全な家族経営によるコーヒー生産を普及させるために、このプログラムを開始し、家庭内での女性の地位向上と、女性への品質管理指導や女性がマーケティングに関わるための支援を行いました。

女性が販売に関わりを持つようになったことで、コーヒーの品質は格段に向上しました。品質が良ければ高く売れることがわかると、より収入を得るために完熟豆を選んで収穫し、誰もが丁寧な精選をするようになりました。

その結果、このプログラムのコーヒーは高い評価を受けるようになりました。また、プログラムに参加する女性たちの強い団結力で情報交換が密になったことや、女性は利益のほぼすべてを

変動するニューヨークの国際市場の価格に合わせて、パーチメントの買上げ価格も毎日更新される。その場で品質チェックされ、品質と認証の有無で価格が変わる。FEMENINO（女性グループ）は、最高価格に分類されている（2019年8月撮影）

進んで設備や将来に投資したこともプログラムの成功を後押ししたのです。

さらに女性は、自らの収入を家族のために使うことが多いため、世帯全体の生活の質が上がったとの報告も出ています。また女性がコーヒービジネスに積極的に参加することで、子どもたちや若年層がコーヒー生産に興味を持つようになり、後継者育成にも大きく貢献しているとも言われています。

特にウィラ県は、FNCと地元の農協が協力体制で「ジェンダー平等プログラム」を立ち上げた場所でもあり、コロンビアの中でも特に女性グループの活動が盛んな地域で、県内7つの自治

「女性生産者コーヒー」として自分達で製品化もしている

106

体が参加しています。

　2019年8月初旬に、筆者の山下が現地を訪問した際は、農協の買い付け価格の表にはプログラムに参加した女性グループのコーヒーがあり、品質第一で決定される買い付け価格が他の認証コーヒーより高いという成果も上げていました。農協は、女性グループのコーヒーを「女性生産者のコーヒー（Mujeres Cafeteras）」と名付け、特別なパッケージで販売しています。

　また、このプログラムでは、米国の非営利団体であるサステイナブル・グローワーズが開発した「プレミアム・シェアリング・リワード（Premium Sharing Rewards）」の手法も採用しています。

　この手法はもともと2010年にルワンダの女性コーヒー生産者を支援するために開始されたプログラムだったのですが、ルワンダとコロンビアではコーヒーの生産方法や国内事情が異なるため、コロンビアでは女性たちに4段階（1.排水処理、2.土壌分析と追肥、3.品質管理指導、4.小型焙煎機の導入）のトレーニングを実施し、終了時に小型焙煎機が付与される仕組みを導入しました。

　2019年8月の時点では、ウィラ県の農協の女性のうち、429人がプログラムに参加していました。プログラムでは、近隣の大学と連携したビジネストレーニングも実施し、子どもたちの参加も可能にすることで、世帯全員が関われるようにしています。コロンビアでは農家の平均

年齢が60〜65歳と高齢化が進んでいるため、若年層がコーヒー生産から離れていくのを防ぐことはとても大切なのです。

地域ごとにいる14名の女性リーダーたちに、プログラムに参加して何が変わったかを述べてもらったところ、次の結果が得られました。

● 自分たちのコーヒーに対する知識や技術が向上した　14名
● コーヒーの品質が向上した　9名
● 生活の水準が向上した　8名
● 子どもの教育への支援を受けることができた　4名
● 家庭内での自分たちの地位が向上した　14名

また、グループに参加する前と後の家庭での自分の役割を比べてもらったところ、
「以前は、農園で働いていても、コーヒーに興味がなかったが、トレーニングを受けて、いろいろな視点で世界を見られるようになった」
「以前は、自分はただの主婦だと思い込んでいたが、今ではコーヒー生産が家族経営に変わり、自分も関わっていると言える」
などの声が多数あがり、女性たちの意識が大きく目覚めたことがうかがえました。

● コーヒーでジェンダーギャップを考える

農協の職員によれば、このプログラムが開始された当初は、男性が反発し、女性を集めること すら難しい状況だったそうです。そのため、男性もプログラムに参加してもらい、家族でトレーニングを実施し、世帯の収入が増える利点を理解してもらうことから始めたと言います。

その結果、家族内で協調性も生まれ、子どもたちのコーヒー生産に対する知識も深まりました。今では男性から女性にプログラムに参加を促すケースも珍しくなくなったという報告もあります。

ジェンダーに関わる課題は国の文化や慣習にも深く関わるため、同じ手法がどこでも通用するとは限りません。しかし、他の国での事例を参考に、各国が工夫を凝らし、自国の改善に向けた対策を取ることができるところに、世界的な取り組みであるSDGsの意義はあります。

2020年、世界各国のジェンダーの平等を示す一つの指

農協に集うウィラ県の女性生産者グループのリーダーたち

5 コーヒー生産とジェンダー平等

数である「ジェンダー・ギャップ指数」で、日本は世界153カ国中121位でした。これは、先進国の中では最低レベルであり、開発途上国である多くのコーヒー生産国さえ下回ります。日本は初等教育や識字率などの教育や保健の分野でのジェンダーギャップがなく、その意味においては世界トップレベルの男女平等な社会基盤が築かれているにもかかわらず、政治や経済の分野における女性の活躍が著しく低いことが順位を押し下げる要因となっています。

人口減少と高齢化が進む中、女性が社会で活躍しにくい日本の現状は大変危機的です。働き手としての女性の雇用促進を進めるだけではなく、周囲や社会が女性の役割や可能性に理解を示し、変わっていかなければいけない点は、コーヒー生産地の問題と同じです。

日本ではジェンダーギャップへの配慮を付加価値とするコーヒーの流通は、ほとんど見かけないのが現状ですが、SDGsを通じ、自国への啓発も含めて取り組むべき課題と言えるのではないでしょうか？　もし実現すれば、生産国と消費国のジェンダーの課題を、コーヒーでつなぐことができるかもしれません。

コーヒー生産とジェンダー平等

コーヒー農園と安全な水

Clean Water And Sanitation

➡➡➡ ゴール

すべての人がきれいな水と衛生施設※1を利用できるようにする。

➡➡➡ ターゲット

1 すべての人が、安全で安価な飲料水を飲めるようにする。

2 すべての人が適切な下水施設・衛生施設を平等に使えるようにし、野外での排泄を終わらせる。特に、女性・女子や脆弱な立場にある人たちに留意する。

3 汚染、投棄、有害な化学品や物質の放出、未処理の排水を減らし、リサイクルと安全な再利用を促進することにより水質を改善する。

4 すべての分野において水利用の効率性を改善し、水不足に悩む人々の数を減らすために、淡水の持続可能な取水と供給を確保する。

5 国境を超えた協力を含む、あらゆるレベルでの総合的な水資源管理を行う。

6 山地・森林・湿地・河川・帯水層※2・湖沼など、水に関係する生態系を保護し、回復させる。

ⓐ 取水、海水の淡水化、水の効率的利用、排水処理、リサイクル・再利用技術など、水と下水処理の分野で開発途上国に対して国際協力を拡大し、キャパシティ・ビルディング※3支援を行う。

ⓑ 上水と下水の管理を向上させるため、地域コミュニティの参加を促進する。

※1 人間の排泄物をトイレからその処理に至るまで安全に処理するための設備とサービスの提供を指す。
※2 地下水を含む地層のこと。
※3 能力の構築のこと。人の自立を促すことにつながり、開発の分野では非常に重要な概念である。

☕ 水の不足とは？

日本にいると当たり前のように安全な水を手に入れることができますが、世界には清潔な飲み水を欠いた地域がたくさんあります。

ユニセフのデータによると、2017年の時点で世界で22億人が安全な飲み水を利用できていません。これは2020年の世界人口（77億人）の約3割に当たります。そのうち、自宅から往復30分以内のところで飲み水を汲んでくることができる人は14億人しかいません。飲み水を汲みに行くのは子どもや女性の役割であることが多く、それも問題視されています。川や池などの地表水をそのまま飲み水として利用している人も1億4,000万人ほどいて、その半数以上を占めるのは、世界でもっとも貧しい地域だと言われるサブサハラ・アフリカ（サハラ砂漠以南のアフリカ）に住んでいる人々です。

また、安全に管理された衛生施設（トイレ）を使えない人は、世界人口の半数以上にあたる42億人にも達しています。そのうちの約7億人は日常的に屋外で排泄しており、その多くはやはりサブサハラ・アフリカの人々です。さらに自宅に手洗い場を持たない人は約30億人にも達し、そもそも手洗いの慣習がない地域も珍しくありません。2020年からの新型コロナウイルス感染症のパンデミック（世界的流行）においても、手洗いするための水が十分に確保できないこと

が、感染封じ込めの大きな障害となっている地域が多数あります。

安全な水と衛生的なトイレが利用できないことは、コレラ、赤痢、A型肝炎、腸チフスなどの感染症の大きな原因となります。世界に目を向ければ、子どもの死因として下痢が依然として大きな割合を占めており、毎年30万人もの子ども（5歳未満）たちが下痢症で死亡しているのです。

安全性の問題以前に、天候、地理的条件、設備状況、技術、ガバナンスなど、様々な原因によって、生活に必要な水量が確保できないという事態が世界では起こっています。たとえ降雨量に恵まれたとしても、地理的に川から遠かったり、貯水施設や他の取水手段がなければ水不足は生じますし、工場が大量の水を汲み上げた結果、地下水が枯渇することもあります。

また、農業には水の利用がほぼ不可欠であるため、水が不足する地域は食料不足に陥りやすく、それは貧困に直結します。水の不足を表す概念は、様々なものがありますが、次のページの地図はその一例を世界地図に示したものです。

この地図が示す通り、アフリカ大陸（とくにサブサハラ・アフリカ）や中南米、アジア諸国など、多くのコーヒー生産国は、深刻な水不足と隣り合わせの状況にあります。

コーヒーは、コーヒーチェリーを精選して初めて「コーヒー」となる、いわば加工が前提の農作物です。栽培する際だけでなく、多くの場合は加工の過程でも水を欠かすことはできません。

世界の水資源とコーヒー生産地

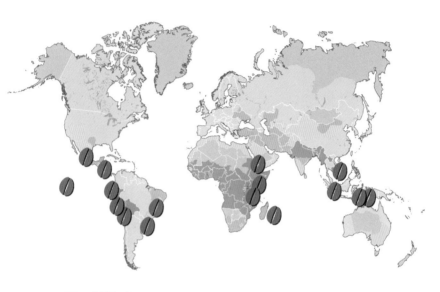

▨ — **水不足でない**

　水の使用量が河川流量 25% 以下（水資源に対し使用量が少ない）

▨ — **実質的な水不足に近い**

　水の使用量が河川流量 60% 以上（水の使用量が持続的な利用の限界に近い）

▨ — **実質的な水不足**

　水の使用量が河川流量 75% 以上（水の使用量が持続的な利用の限界を超えているか、限界に近い）

▨ — **実用的な水不足**

　水の使用量が河川流量 25% 以下にもかかわらず、他の様々な要因により水利用に制約があり、栄養失調も認められる

▨ — **データなし**

国連世界水発展報告書の地図を元に作成

116

中南米のように技術が進んでいれば、遠くの水源から水を引いて、農場の近くに精選工場を作ることができますが、インフラが不十分なアフリカのルワンダなどでは精選工場を水源の近くに作らざるを得ません。そのために急峻な崖を、コーヒーチェリーを担いで下り、谷底にある精選工場でコーヒーを精選・乾燥し、再びコーヒーを担いで幹線道路まで登るような非効率的な作業を強いられることになります。しかしアフリカでは長年にわたり干ばつが続いているため、今後他のコーヒー生産地でも、この方法を考慮せざるを得なくなるかもしれません。

☕ コーヒーと水

コーヒーチェリーという名の通り、コーヒーの実には赤い果肉がついていますが、それをコーヒー豆という商品にするためには、その果肉やその内側にあるミューシレージと呼ばれる粘質(ぬめり)を取り除き、乾燥させて脱殻する加工を施す必要があります。

この過程が精選です。

コーヒーの精選には、大きく分けて非水洗処理方法(ナチュラル)と水洗処理方式(ウォッシュド)がありますが、水洗処理方式で精選する場合、特に大量の水を消費することは避けられません。

FNC（コロンビアコーヒー生産者連合会）の研究機関である国立中央コーヒー研究所（Centro Nacional de Investigaciones de Café／CENICAFE）が出した『コロンビアのコーヒー精選工場（Beneficio del Café en Colombia）』によれば、従来の水洗処理法だと、1キログラムのドライパーチメントコーヒー（乾燥後の殻の付いた状態）を作るのに、40リットルの水が必要だそうです。1キログラムのドライパーチメントは脱殻すると約830グラムの生豆となり、さらにそれを焙煎すると約690グラムの焙煎豆となります。1杯分のコーヒーを抽出するのに10グラム使うとすると、69杯分のコーヒーに相当する量です。

これを1杯分の水量に換算すると、産地で使われる水は580ccになります。つまり、1杯分のコーヒーが150ccだとすると、その4倍もの水が精選する過程で使われていることになるのです。

水洗式の工程では、ゴミや葉との選別を行ったり、低密度のチェリーを取り除く浮力選別のた

コーヒーの代表的な精選方法

非水洗式　水洗式　パルプドナチュラル　スマトラ式

果肉除去

ミューシレージ除去

水　洗

乾　燥

脱　殻

乾　燥

脱　殻

乾　燥

めにも大量の水を使いますが、果皮を取り除いたあと、ミューシレージと呼ばれる粘質（ぬめり）を洗い流す際にも大量の水が必要になります。

ミューシレージはただ洗い流せば取り除けるわけではなく、一定時間タンクに入れて発酵させることで分解・剥離する工程も必要です。そのため、その工程で生じる排水は、pH4前後の酸性でメタンガスを含んでおり、それが環境に大きな悪影響を及ぼすことで知られていました。この汚れた水がそのまま川に垂れ流されたことで、それが河川の汚染を引き起こした地域もあったのです。

☕ 環境保全に取り組むコーヒー農家

大量の水を使い、場合によっては汚染水も生み出してしまう――。

確かにこれはコーヒー生産の現実です。

しかし、生産者たちは、その現実をただ眺めていたわけではありません。「環境破壊の元凶」から脱却すべく、この30年もの間、環境を守るための栽培方法や精選方法を模索し、その改善のための努力を真摯に重ねてきたのです。

ミューシレージ除去の過程で生まれる汚水を浄化する努力は長年繰り返されてきましたが、水洗式で使われる水の総量を減らすことも同様に大事だという考えのもと、開発されたのが、節水型の果皮除去機です。

前出のCENICAFEは、従来型と比較して40分の1の水でチェリーからドライパーチメントにする「ベコルスブ（Becolsub）」という機械を考案しました。これは、粘質を機械で強制的に取り除く方法です。それにより使用する水の量は減り、排出される汚水の量も減らすことができます。

小規模農家向けには、より小型の「タンケティナ（Tanque Tina）」も開発されました。これは水を使わずに果肉除去し、プラスチック製のタンクにパーチメントコーヒーを入れて効率的に粘質を取り除ける機械です。FNCは「現在コロンビアではコーヒー生産農家の約半分はベコルスブかタンケティナのどちらかを導入しており、生産者の環境保全への理解が浸透してきている」としています。

コロンビアのペナゴス社が開発した、節水小型精選設備。タイヤが付いているのでトラクターやジープで、小規模農家を巡回できる。その上節水式でファーメンテーションをせずに、粘質を機械で取り除く

排水処理の進歩

ただ一方で、「機械を使って粘質を取るより、やはり昔ながらの水洗式のほうが品質が良い」という意見は根強くあります。

そこで品質にこだわる農園の中には、水のリユースや排水の処理を徹底的に行うことによって、水に配慮したコーヒー作りを試みているところもあります。

例えば、グアテマラのアンティグア近隣にあるサン・ミゲル農園では、ゴミや葉との選別や、浮力選別で使った水は、同じ日の作業に限り、巡回させてリユースしています。

またミューシレージ除去の過程で生まれる汚水に石灰を入れて中性に近づけたあと、処理槽に移して汚染成分を沈殿させることに

コスタリカの農園の浄化処理池。この右側にまだ大きな池が2カ所あり、最初に石灰を入れてpH値を上げ、その後段階的に浄化していく

6 コーヒー農園と安全な水

よって水を浄化しています。発生する汚水量と処理槽のキャパシティによって違いはあるものの、この作業に最低でも数カ月をかけ、最終的には魚が棲めるくらいにまで浄化された水は畑の灌漑用水として使用しています。

さらに処理槽の中の沈殿物は、精選工程で出たコーヒーチェリーの果肉と混ぜることによって、ミミズの餌として使用しています。そのミミズが排出した糞は、栄養価の高い肥料に生まれ変わり、コーヒー畑に撒かれることになります。またミミズが死なないように定期的に散水をするので、浸透して流れ出た水もまた、液肥として使用することができます。

● 見直される非水洗式

19世紀中頃にインドで水洗式プロセスが発明されるまでは、コーヒーの精選方法は非水洗式しかありませんでした。水の供給がかつてより格段に容易になったことは、その後水洗式が広まる大きな理由の一つだったと言えるでしょう。今ではブラジルを除く中南米の生産国と、東アフリカのアラビカ種の生産国の多くが水洗式を採用しています。

一方、ブラジルやその他ロブスタ種を栽培している生産国では、今でも非水洗式が一般的です。

ブラジルが水洗式に変わらなかった理由は、生産量が多くプロセスを複雑化したくなかったのと大量の水の確保が難しかったからではないかと思われます。逆にロブスタ種の生産国の多くが非水洗式なのは、コストをかけて水洗式にしてもそれを付加価値として認めてくれる市場がないからです。

最近は、水洗式が主流の中南米の生産国の中でも、非水洗式でプロセスする農園も出てきました。大量生産のための一般的な非水洗式とは違い、天日で丁寧にゆっくりとコーヒーチェリーを乾燥させ、果皮の風味をコーヒー豆につけるこの方法は「ナチュラルプロセス」と呼ばれています。管理が悪いとカビが生えたりして売り物にならず、非常に手間も時間もかかりますがその分付加価値が付き、取引価格も上がります。国際価格が低迷する昨今、特徴を出して少しでも高値で売ろうとする生産者の努力の表れです。

7 エネルギーをみんなに
そしてクリーンに

コーヒーとクリーンエネルギー

Affordable And
Clean Energy

➡➡➡ ゴール

すべての人に手ごろで信頼でき、持続可能かつ近代的なエネルギーへの
アクセスを確保する。

➡➡➡ ターゲット

1 安価で信頼できる現代的エネルギーへのアクセスを確保する。
2 再生可能エネルギーの割合を大幅に拡大させる。
3 世界全体のエネルギー効率を改善する。

ⓐ 再生可能エネルギー、環境負荷の低い化石燃料技術などのクリーンエ
ネルギーの研究を促進するための国際協力を強化し、エネルギー関連
インフラとクリーンエネルギー技術への投資を促進する。
ⓑ 開発途上国のすべての人々に現代的で持続可能なエネルギーサービス
を供給できるよう、インフラ拡大と技術向上を行う。

温室効果ガスの3分の2は二酸化炭素

クリーンエネルギーとは、二酸化炭素（CO_2）などの「温室効果ガス」を出さない方法で生み出されるエネルギーを指すのに対し、クリーンでないエネルギーとは石炭や石油など、温室効果ガスを排出するエネルギーのことを指します。火力発電所の建設やプラント輸出への投資を続けてきた日本は、世界からは、「温室効果ガスの削減に真剣に取り組んでいない」国だと見なされていますが、世界的にはそのような社会倫理的に好ましくない投資から撤退する「投資撤退（ダイベストメント／Divestment）」がトレンドになっています。

人為的に排出された温室効果ガスの約3分の2を占めているのは石油や石炭などの化石燃料を燃やしたときに出る二酸化炭素で、約10分の1は森林破壊や土地利用の変化による大気中への放出です。また、温室効果ガスのうち15％をメタンが占めており、メタンは牛などの家畜のげっぷにも含まれるため、家畜のげっぷを抑える研究も行われています。

伐採した木材を燃焼させてエネルギーを生み出すのは、「バイオマス燃料」の一種です。バイオマス燃料も燃焼させれば二酸化炭素は排出されますが、それはもともとその木が大気中から吸収した二酸化炭素を放出しているため、二酸化炭素を増やしたとは見なされません。これを「カーボン・ニュートラル」といい、それがバイオマス燃料がクリーンエネルギーと言われる所以なのです。

郵便はがき

102-8519

東京都千代田区麹町4−2−6
株式会社ポプラ社
一般書事業局　行

お名前	フリガナ	
ご住所	〒　　　-	
E-mail	＠	
電話番号		
ご記入日	西暦　　　　　　　年　　　月　　　日	

**上記の住所・メールアドレスにポプラ社からの案内の送付は
必要ありません。□**

※ご記入いただいた個人情報は、刊行物、イベントなどのご案内のほか、
　お客さまサービスの向上やマーケティングのために個人を特定しない
　統計情報の形で利用させていただきます。

※ポプラ社の個人情報の取扱いについては、ポプラ社ホームページ
　（www.poplar.co.jp）　内プライバシーポリシーをご確認ください。

ご購入作品名

■この本をどこでお知りになりましたか?
□書店(書店名　　　　　　　　　　　　　　　　　　　　　)
□新聞広告　　□ネット広告　　□その他(　　　　　　　　　)

■年齢　　　歳

■性別　　　男 ・ 女

■ご職業
□学生(大・高・中・小・その他)　　□会社員　　□公務員
□教員　　□会社経営　　□自営業　　□主婦
□その他(　　　　　　　　)

ご意見、ご感想などありましたらぜひお聞かせください。

ご感想を広告等、書籍のPRに使わせていただいてもよろしいですか?
□実名で可　　□匿名で可　　□不可

一般書共通　　　　　　　　　　　　　　　　ご協力ありがとうございました。

開発途上国では、調理用に薪や牛糞などを使っているところがあり、これもバイオマス燃料の一種です。しかし室内でそれらを用いたときに充満する煙が呼吸器系の病気の原因となることが知られています。それが原因で命を落とす人は毎年約400万人いると推計されており、そういう意味で、クリーンエネルギーだから安全だとは言い切れないのです。

また木を伐採したあとに再植林を行えば、大気中の二酸化炭素を吸収するので、長い目で見ればそれなりの効果はあります。しかし、伐採時の二酸化炭素の放出量や生物多様性保全という側面から考えると「森林の保全」は非常に重要であることを決して忘れてはいけません。

🫘 1杯のコーヒーとエネルギー

さて、コーヒーが日本の家庭に届くまでのプロセスを大きく分類すると、生産国での「栽培」、「精選」、生産国・消費国双方での「輸送」（輸出入を含む）、消費国での「製造」（焙煎や梱包などを含む）などがあり、その後にやっと1杯のコーヒーとして「消費」できるようになります。

実際には、消費の後には「廃棄」もあり、プロセスはもっと細かく分かれるのですが、ここではある程度まとめることとします。また、最近は生豆を直接インターネットで販売するなど、コー

ヒーの販路にも様々な方法がありますが、ここでは一般的な商品として家庭にコーヒーが届くまでを例に説明します。

コーヒーは生産国においては、果実から豆を取り出す精選のプロセスがあり、消費国においてはコーヒー豆としての香りや味を引き出す焙煎のプロセスがあるため、同じ農作物でも収穫したままの状態を楽しめる野菜や果物と比べて、より多くのエネルギーが使われます。また、それぞれのプロセスにおいて、異なる温室効果ガスが排出されます。

生産国側では、栽培時の使用エネルギーは比較的少なくすむ一方で、農園で窒素系の肥料を使用することは、様々な段階での大気中への一酸化二窒素（N₂O）の排出を誘発する原因となります。一酸化二窒素の温暖化係数は、二酸

コーヒーのプロセスにおける主なエネルギー利用と
温室効果ガス排出の関係

生産国				日本
栽培	精選	輸送	製造	消費
主な使用エネルギー				
■化石燃料 ■電力	■化石燃料 ■電力 ■バイオマス	■化石燃料 ■電力	■化石燃料 ■電力	■化石燃料 ■電力
主に排出されるGHG				
■CO₂ ■N₂O	■CO₂ ■メタン （再利用可能）	■CO₂	■CO₂	■CO₂
代替可能な自然エネルギー				
■太陽光	■太陽光 ■水力	■グリーン電力 ■バイオマス	■グリーン電力 ■バイオマス	■グリーン電力

化炭素のおよそ３００倍にものぼり、大量に肥料を使う農園は大量の温室効果ガスを排出し、気候変動に負の影響を与えます。コーヒーのサプライチェーン全体においても、窒素系の肥料を大量に使用し、コーヒーの単一栽培を行う農園では、栽培時の温室効果ガスの排出量は他のプロセスに比べて突出して多くなります。

ただ、ここで忘れてはならないのが、コーヒー樹は大気中の二酸化炭素を吸収し、その寿命は約30年以上にも及ぶことです。つまり、小麦やイモなどの短期栽培作物を育てる農園に比べれば、コーヒー農園はより多くの二酸化炭素を吸収し、固定することが可能なのです。

特に、中南米でよく見かける、高木樹や果樹を日陰樹として用いる伝統的な『アグロフォレストリー農法』のコーヒー農園では、健康的な生態系の中で育つコーヒーに窒素系の肥料を大量に使う必要はなく、さらに日陰樹に空気中の窒素を固定化する特性があるマメ科高木を使った畑では、土壌も豊かになります。

このシェイドグロウン（日陰栽培）のメリットは、コーヒー農園全体でより多くの温室効果ガスが吸収されることです。栽培時の二酸化炭素吸収量と、コーヒーのサプライチェーン全体のエネルギー総排出量は、それぞれ違うライフサイクルと見なされて研究されていますが、サプライチェーン全体で温室効果ガス排出量を低減する努力を徹底的に行えば、伝統的なアグロフォレストリー農園の吸収量が、サプライチェーン全体の排出量を相殺する可能性もあると言われています。

次に、精選のプロセスを考えてみましょう。精選に水を使用する水洗式である場合は、コーヒーチェリーを選別し、果実から種子を取り出し、ミューシレージと呼ばれる粘質性の膜を洗い落とすのに機械を使うため、より多くのエネルギーが使われます。小規模農家であれば、手動の機械で足りることもありますが、ある程度の量を生産する農家の場合は、電力で動く機械が必要です。

河川に近い農園である場合は水力発電を使ったり、また太陽光発電を利用する農家もありますが、そのような地理的条件や技術のある農園はほんの少数であり、自然エネルギーですべての電力を賄うのはなかなか難しいのが現状です。

次に、コーヒー豆を乾燥させるのに、天日乾燥ではなく乾燥機を使うと、さらにエネルギーを使用します。以前は、燃料用に山から木を切り倒して薪にしていましたが、最近はコーヒーのパーチメントや、農園で定期的に行うコーヒー樹の剪定で出た廃材を再利用し、バイオマス火力発電を行う農園が多くなりました。これらのエネルギー利用はすべて温室効果ガスを排出するものの、パーチメントや剪定材の利用はエネルギーの有効活用でもあります。

そして、さらに多くの温室効果ガスを排出するのが、水洗処理をした後のコーヒーチェリーの残渣や排水から発生するメタンガスです。メタンガスの温暖化係数は、二酸化炭素の25倍であるため、水洗式の精選プロセスにおける排出量は、コーヒー全体のプロセスの中でもとりわけ多くなりがちです。ただしメタンガスは、それを回収することができれば、エネルギーとして再利用

することが可能です。つまり、コーヒー生産で発生したエネルギーを農園内で循環利用すれば、農園全体の温室効果ガス排出量を削減することも可能なのです。こちらについては、この章の最後の項で紹介します。

その後、生産国での輸送、国境を越えての輸出入、消費国での輸送と、コーヒーは様々な方法で運搬され、そこでは主に化石燃料や電力が使われます。

消費国のコーヒー会社に届けられた後は、焙煎や梱包を含む製造の過程で主にガスや電力が使われますが、ここでは自然エネルギーであるグリーン電力を購入することも可能なので、コーヒー会社の取り組みによって状況は変えられると言えます。大量生産する企業であれば、コーヒーを焙煎するときに発生した熱や蒸気を回収し、再利用することによって、全体的な二酸化炭素排出量を削減することも可能でしょう。近畿大学と石光商事株式会社は共同で、コーヒーを抽出した後の残り滓を使って「バイオコークス」と呼ばれるバイオ燃料を作り、コーヒー焙煎時の燃料として再利用する試みに取り組んでいます。

その後、様々な商品に形を変えたコーヒーは、さらに運搬され、やっと消費者の元へと届きます。

ここで重要なのが、消費の際に使うエネルギーです。お湯を沸かし、コーヒーを淹れるには、ある程度のエネルギー消費が前提となりますが、ここでハンドドリップやフレンチプレスなどの手で淹れる方法ではなく、コーヒーメーカーを使うと、ここでコーヒーを楽しむまでのエネルギーの総

使用量がさらに上がります。使用する機種にもよりますが、コーヒーを淹れ、温め続けるという機能を持つコーヒーメーカーは、意外に電力を使うのです。

また、日本独特のコーヒー文化である缶コーヒーは、製造や販売の過程において、もっともエネルギーを使っています。京都大学の研究によると、資材としてスチール缶を使い、寒い時は触れるのも熱いほど温められ、暑い時はキンキンに冷えた状態で自動販売機で販売される缶コーヒーは、コーヒーメーカーで淹れるコーヒーに比べると、抽出量（一ml）当たりのエネルギー使用量が4倍にものぼるそうです。

同じ研究によると、日本のコーヒー市場における缶コーヒーのシェアは約17％程度ですが、その温室効果ガス排出量は、実にコーヒー消費量全体の約半分を占めています。また、ドイツの応用生態学研究所は最近流行りのカプセル型のコーヒーもライフサイクルにアルミニウムやプラスチックのカプセル容器が加わるため、フレンチプレスと比べ、4倍の温室効果ガスを排出するとする研究結果を公表しています。

上手に淹れたハンドドリップコーヒーの味は、機械で淹れるコーヒーや缶コーヒーよりはるかに美味しいものです。コーヒーの美味しさにこだわることで、1杯のコーヒーが使うエネルギーも少なくなる、つまり地球の未来を守ると考えれば、多少の手間をかけることがもっと楽しく、意義深くなるかもしれません。

コスタリカの挑戦

コーヒーの生産国として有名なコスタリカは、かつては国土の75%近くが熱帯雨林で覆われる国として知られていました。

ところが1940年以降に畜産業が推進され、年間320㎢の勢いで森林減少が進んだ結果、1987年には森林被覆が国土の21%にまで減少してしまいました。

そこでコスタリカ政府が1996年から導入したのが「生態系サービスへの支払い(Payment for Ecosystem Service/PES)」と呼ばれる制度です。この制度によって、森林地帯の伐採を禁止し、持続可能な土地利用を推進したのです。さらにガソリンへの課税を開始し、2001年にはその税収の一部が直接PESの財源となる法律も制定しています。

PESに基づき、森林地帯の土地所有者が自然保護と両立可能な産業として取り組んだのが、森林伐採を伴わないコーヒー生産やエコツーリズムなど、自然と共生可能な産業です。それらの産業は、国家の成長戦略の一つとして位置付けられました。

そのほか様々な政策を実施するなど国をあげて取り組んだ結果、コスタリカの森林被覆は2010年には国土の52%程度までに回復し、中米の小国でありながら、世界の環境先進国と呼ばれるまでになったのです。

さらにコスタリカは2019年、パリ協定に基づき、世界に先駆けて2050年までにカーボンニュートラルを達成するための目標を発表しました。コーヒー生産は、その目標達成の手段の一つとして、各国の気候変動の国家戦略である「国別気候変動緩和行動（Nationally Appropriate Mitigation Actions／NAMAs）」の一つに組み込まれています。

「NAMA Café」と呼ばれるこのコーヒープログラムでは、コーヒー農家の参加を募り、以下の6つの目標に取り組んでいます。

❶　肥料の低減

❷　コーヒー精選時における水とエネルギー使用の効率化

❸　アグロフォレストリー農法を普及するための資金メカニズムの推進

❹　コーヒー精選施設のカーボン・フットプリントの審査

❺　付加価値のあるコーヒーを推進するための戦略立案

❻　温室効果ガス排出削減技術の研究やプロジェクトの立案

NAMA Caféの気候変動対策プロジェクト

前述した通り、コーヒーチェリーを脱殻して果肉とミューシレージを取り除いた後の排水は、メタンガスを発生させます。NAMA Caféに参加するコーヒー精選施設の一つであるサンタ・エドゥビゲス精選工場では、「上向流式嫌気性スラッジ・ブランケット」と呼ばれる設備を導入し、排水から発生するメタンガスを回収しています。

まず、コーヒーの精選処理後の排水をリアクターと呼ばれる排水槽の中で沈殿させ、メタンガスと果肉滓等の固形物に分離させます。ガスデフレクターで集め、分離装置を経てリアクターの上部に溜まったメタンガスは、パイプを通り、凝縮液の除去や液圧調整を経て、一時的に簡易的な設備に貯められます（次ページの写真）。貯められたメタンガスは、圧力計で調整しながら、パイプを通じて隣接する工場で使用する焼却窯へと流れ込み、コーヒーパーチメントや間伐材などのバイオマス燃料とともに、焼却窯を効率的に運転する目的で使用されています。この工場では、1日に約900立方メートルのメタンガスを回収することが可能です。

大変高度な技術を要するようですが、設備は写真のように簡易で古いものであり、現在は設備の整備に向けた検討が進められています。この精選工場を持つのは大規模な農園であるため、排水の効率的な利用を可能にするコーヒー生産量があり、設備投資も可能だったのでしょう。

ちなみにコロンビアでは、小規模な農園でもより簡易的な設備と技術でメタンガスを回収し、農家のキッチンで煮炊きするために利用している例もあります（下の写真）。

NAMA Café では、中規模農家でも取り組めるような他の技術にも取り組んでいます。

例えば、コーヒーの果肉から水分を取り除き、ペレットと呼ばれる鉛筆の３分の１程の大きさの円錐に成形すると、必要な時に必要な量を焼却窯に投入する燃料として、効率良く熱を発生させることができます。コスタリカ大学とコスタリカコーヒー協会も支援するこのプロジェクトは、技術的な調査を終え、現在は運用に向けた可能性調査に取り組んでいるところです。

NAMA Café に参加するこれらのプロジェクトでは、能力開発や技術支援、温室効果ガス排出削減量の審査に向けた支援を受けて、低炭素社会の促進と行動を支援する国際的な資金メカニ

メタンガスを貯める簡易設備。
上が大農園、下が小規模農園の設備

136

ズムへとつなげることを目標としています。将来的には、コスタリカが国家として運営するMR
Vシステム（温室効果ガスを測定、報告、検証するシステム）の排出削減量として登録される見
込みで、その量は年間12万トンCO²と見積もられています。

実は、コスタリカのコーヒー生産量は、世界で16番目位を推移しており、それほど多いもので
はありません。それにもかかわらず、政府の強力なリーダーシップのもとに進められる持続可能
なコーヒー生産は、他のコーヒー生産国を牽引していくモデルとなっています。ブラジルやコロ
ンビア、ベトナムなど、世界有数のコーヒー生産国がこのように国家をあげた取り組みを行えば、
コーヒー生産におけるエネルギーの循環利用や温室効果ガス削減の努力は一気に進むことでしょ
う。

また、様々なプロセスでエネルギーを使い、異なる温室効果ガスを排出するコーヒーだからこ
そ、サプライチェーンすべてのプロセスでエネルギー利用を効率化し、資源を循環利用し、自然
エネルギーを使う努力をすることが大切です。消費国と生産国の、すべてのプロセスの努力をS
DGsでつなぐことができたら、近い将来自宅でカーボンニュートラルなコーヒーを楽しむこと
も、決して夢ではないのです。

コーヒーが生み出す働きがい

Decent Work And
Economic Growth

➡➡➡ ゴール

包摂的で持続可能な経済成長を促進し、すべての人のために生産的な雇用と働きがいのある人間らしい仕事を提供する。

➡➡➡ ターゲット

1 各国の状況に応じた経済成長を持続させる。

2 高付加価値産業や労働集約型産業に重点を置き、多様化、技術向上、イノベーションによって経済生産性を高める。

3 生産活動、適切な雇用の創出、起業、創造性、イノベーションを支援する開発志向の政策を促進し、金融サービスへのアクセス改善などを通じて中小零細企業が金融サービスを受けられるようにすることで、その成長を奨励する。

4 消費と生産における資源効率を改善し、経済成長が環境悪化をもたらさないようにする。

5 生産的な完全雇用を達成し、若者や障がい者を含むすべての女性と男性がまともな仕事につけるようにし、同一労働同一賃金を達成する。

6 ニートの数を減らす。

7 強制労働、現代の奴隷制、人身売買、最悪な形態の児童労働、少年兵を根絶する。

8 移民労働者（特に女性）や不安定な雇用状態にある労働者を含め、すべての労働者の権利を保護し、安全で安心な労働環境を促進する。

9 雇用を創出し、地方の文化と物産を振興する「持続可能な観光」を促進する。

10 国内の金融機関の能力を強化し、すべての人が銀行、保険、その他の金融サービスを利用できるようにする。

ⓐ 開発途上国（特に後発開発途上国）に対する貿易のための支援を行う。

ⓑ 貧困層やジェンダーに配慮した適正な政策を構築し、貧困撲滅のため若年層の雇用を促進する。

🫘 人間らしい教育と仕事

「包摂的」とは、「すべての人を包み込む」という意味であり、「だれ一人取り残さない」というSDGsの原則に沿う言葉です。また、敢えて「生産的な雇用」と表現されているのは、このゴールが単なる失業対策を目指しているわけではないことを示唆しています。さらに、「働きがいのある人間らしい仕事」とは Decent work（ディーセント・ワーク）を訳したものですが、Decent とは、「まともな、きちんとした、ふさわしい、基準に達した、失礼に当たらない、礼儀正しい」というような意味を持ちます。

つまりゴール8は、「社会に貢献する仕事」そして「生産的で、適正な所得をもたらし、安全性が保たれ、社会的保護が受けられ、個人の成長を望むことができ、社会の一員と見なされ、自分の意見を述べることができ、自分の暮らしに影響を与える決定に参加することができ、すべての男女に平等な機会と扱いをもたらす仕事」が「すべての人々」に与えられることを目指す目標なのです。

ここでは、「生産的な雇用と働きがいのある人間らしい仕事」をコーヒー栽培を通じて実現している南米コロンビアのフェダール農園のエピソードを紹介しましょう。

フェダール財団（Fundación Para La Estimulación En El Desarrollo Y Las Artes

Fedar）は、1985年2月28日に知的障がい者支援を目的としてカウカ県の県都ポパヤン郊外において設立されたNPOです。

今でこそすべての学校は障がい児を受け入れなくてはならないと法律で定められていますが、財団が設立された当時のコロンビアでは、知的障がい児は家から外に出してはいけないという社会的観念が当たり前のように蔓延していました。学校には知的障がい児教育のための設備はなく、その訓練を受けた先生もいなかったため、知的障がい児が学校に行くことはできませんでした。その結果、知的障がいをもって生まれた人は、ずっと家に閉じこもって一生を終えるしかなかったのです。

それでも経済的に余裕のある家庭に生まれた知的障がい児は、親が雇った使用人や専属の介護士に面倒を見てもらうことができました。しかし、大多数の貧しい家庭の親たちにとってその費用を捻出することは不可能で、食べていくためには四六時中働かねばなりません。その結果知的障がい児は、見捨てられたかのような状態で家の中で過ごすしかなかったのです。

そのような状況をなんとかして変えたいと、知的障がい児の親たちが中心となって設立されたのがフェダール財団です。財団は、集めた資金で11ヘクタール（東京ドームの2倍強）の土地を購入してフェダール農園を開き、そこに校舎と作業場を作りました。現在は約120人の知的障がい者が農園内の施設を利用しています。

高品質のコーヒーを自分たちの力で

幼稚園児から高校生までは施設内の学校に登校し、障がいに応じ、独自に開発した特別なプログラムで学ぶことができます。公立の学校が知的障がい児を受け入れるようになったとはいえ、専門のトレーニングを受けた教師はほとんどおらず、校内の設備も完備されていないのが現状であることを考えれば、これは非常に恵まれた環境であると言えるでしょう。

一方、成人は自分の興味ある仕事を選び作業することができますが、養豚、酪農、陶芸、紙漉き、絵画と並び、選択肢の一つとなっているのが、フェダール農園でのコーヒー栽培なのです。

筆者の川島は、2012年からこのフェダール農

中古で買った、chiva と呼ばれるコロンビアの田舎を走る乗り合いバスが、学校と作業に行くメンバーを毎日送り迎えしている

園での技術指導に携わっています。それを決心したのは、「障がい者施設が作ったコーヒーだから、不味くても買ってあげようというのではなく、美味しいから買いたいと思われるコーヒー作りを目指している」という、この財団のスタッフの言葉に深く共感したためでした。

「情けで買ってもらうようなコーヒーを漠然と作るのではなく、正当に認めてもらえるような高品質のコーヒーを自分たちの力で作れるようになること」を目指した筆者の技術指導は大きな成果をあげました。品質は年々向上し、「フェダールコーヒー」は現在、日本とイギリスに輸出され、高い評価を受けています。農園の全体的な管理は、健常者4名が当たっていますが、施肥や収穫作業はすべて障がい者が担っています。

理事長であるリカルド・コボ・ディアス氏と一緒に園内を歩くと微笑ましい光景に出合います。行く先々で子どもたちがリカルドに抱きついてきて離れないのです。これは彼が本当に生徒から信頼され、愛されていることの何よりの証でしょう。

農園施設内には彼らが自発的に考えた標語がそこかしこに掲げられているのですが、その中でとりわけ印象的で胸を打たれるものがあります。

「コーヒーは、私たちがより良い世界を夢見ることを、可能にしてくれます。自然は、私たちがそれを楽しむために生命を与えてくれます」

このような言葉や、そこで働く彼らの輝くような笑顔は、SDGsが掲げるゴール8、すなわち、

「すべての人のために生産的な雇用と働きがいのある人間らしい仕事を提供する」ことの意義や素晴らしさを強く感じさせてくれます。

ただ心配されるのは、フェダール財団自体の「持続可能性」です。運営の資金は、コロンビア政府の補助と海外の支援団体からの寄付及び生産物の販売によって賄われているのですが、年々政府からの補助が減っています。さらに新型コロナウイルスの感染拡大がそれに追い打ちをかけ、非常に厳しい運営を迫られているのが現状なのです。

🫘 障がいのある社員のやりがいを創出したコーヒー

日本でも、コーヒーを通じて、ゴール8を体現する取り組みが進んでいます。

株式会社ベルシステム24ホールディングスの本社に2019年2月に開設された「プレミアムカフェ」では、コーヒー抽出のトレーニングを受けた障がいのある社員が、来客者や社員に美味しいコーヒーを提供しています。なお「ベルシステム24オリジナルブレンド」には、フェダールコーヒーとドイトゥンコーヒー（第3章）が使われています。

「人に優しい職場（コミュニティー）の創出」を行動理念に掲げるベルシステム24では、以前か

144

フェダール財団のコーヒーチーム

財団のコーヒーに関する標語

理事長のリカルド(右)と生徒

ら、多様な人材が安心して働ける環境づくりのための「多様性プロジェクト」を推進していました。これまで障がい者の社員はオフィス内の掃除や仕分けなどを中心に作業をされていたそうですが、より「やりがいを持って従事できる業務の創出」を目指したこのオフィスカフェができてから、それまでよりさらに張り切って出勤するようになり、コーヒーを通して健常者の社員とのコミュニケーションも深まりました。

現在では、カフェ勤務を希望してベルシステム24に入社する障がい者の方々も増え、キャリアを積んだ彼らが、他の障がい者の方々にコーヒーの淹れ方を指導するまでになっています。

また、ベルシステム24はコーヒーを真に持続可能な農産物とするための「サステナブル・コーヒー・チャレンジ(Sustainable Coffee Challenge／SCC)」(詳細は第12章)にも参画しており、2021年までにさらに最低3カ所以上にカフェを開設するという「コミットメント」を表明しています。すでに札幌と沖縄のコールセンター事業所内にも同様のカフェが開設され、障がいを

社内の「プレミアムカフェ」でコーヒー抽出に励む障がいをもつ社員。このカフェは、社員同士のコミュニケーションの場になっている

もつ社員バリスタが淹れた美味しいコーヒーを、多くのオペレーターの方々が楽しんでいます。

また、コーヒー消費国である日本の障がい者の方々の「働きがい」と、生産国の「働きがい」をつなぐ試みとして、2020年に筆者らが中心となり世界で初めての「チャレンジ・コーヒー・バリスタ（Challenge Coffee Barista ／ CCB）」が立ち上がりました。これは、バリスタコンペティションを通じて障がいのある方たちの技術の向上と新しい雇用を創造し、コーヒーを通して多くの人が障がいのある方と触れ合い、「皆が大切な存在」と認め合う社会を実現することを目指すものです。

コンペティションで使用されるコーヒー豆は、この章で紹介したフェダール農園、第3章で紹介したドイトゥン、第2章で紹介したサン・ミゲル農園のもので、生産国におけるSDGsの達成に貢献するものです。新型コロナウイルス感染拡大の影響で、2020年10月に予定していた第1回目のコンペティションの開催は延期されてしまいましたが、SDGsのゴール8が掲げる「働きがい」のある社会の実現に向けて、驚くほど多種多様な企業が賛同し、協賛してくれています。

また、様々な分野でコーヒーに携わっている方々が運営に関わるとともに、コンペティションに参加する障がい者の方々への抽出トレーニングを申し出てくれました。

このCCBを経て、日本からコーヒーを通じた新たな「働きがい」が生まれることを期待しています。

※チャレンジ・コーヒー・バリスタ（Challenge Coffee Barista ／ CCB）
https://challenge-coffee-barista.org/

9 産業と技術革新の
基盤をつくろう

コーヒーの技術革新

Industry, Innovation
And Infrastructure

➡➡➡ **ゴール**

強靭なインフラを整備し、包摂的で持続可能な産業化と技術革新を推進する。

➡➡➡ **ターゲット**

1 経済発展と人々の福祉を支えるために、質が高く、信頼でき、持続可能で強靭（レジリエント）なインフラをすべての人が公平に利用できるようにする。

2 包摂的で持続可能な産業化を促進し、雇用とGDPに占める産業セクターの割合を大幅に増加させる。

3 小規模企業が、安価な資金貸付などの金融サービスを受け、バリューチェーンと市場に参入できるようにする。

4 資源の利用効率を向上させ、クリーンで環境にやさしい技術と産業プロセスを導入することによってインフラと産業を持続可能なものに変えていく。

5 研究開発費と研究開発従事者を増加させ、産業部門の研究開発を促進し、技術力を向上させる。

ⓐ 開発途上国への金融及び技術の支援を通じて、開発途上国における持続可能で強靭（レジリエント）なインフラ開発を促進する。

ⓑ 産業の多様化や商品の高付加価値化につながる政策を整え、開発途上国の研究開発を支援する。

ⓒ だれもがインターネットを利用できるように、情報通信技術（ICT）にアクセスできるようにする。

サビ病の広がりで急がれた品種改良

開発途上国にとってコーヒー生産は、文字通り国の基盤を支える産業です。つまり積極的な技術革新による「持続可能な産業化」は、コーヒー産業のみならず、その国自体の未来を左右する重要なテーマだと言えるでしょう。

コーヒーは農作物なので、様々な品種改良が繰り返されますが、その目的は主に以下の3つです。

❶ 病気に耐性のある栽培種を作る

❷ 収量の高い栽培種を作る

❸ 品質の高い栽培種を作る

この中でも特に「病気に耐性のある栽培種」が世に出たことは、コーヒー生産の「持続可能性」において、非常に意味があることでした。

1860年代にスリランカ（当時のセイロン）で初めて発見され、同島のコーヒー産業に壊滅的な被害をもたらしたのがサビ病です。コーヒーの葉に発生するサビ病は、その後アジア・アフリカ全域に蔓延したあと、1970年にはブラジルでも感染が確認され、1980年代になるとほぼ中南米全域に感染しました。ハワイ州はサビ病が伝染していなかった唯一のコーヒー産地でしたが、2020年10月21日にマウイ島で感染が確認されました。州内のコーヒーを栽培するす

べての島に伝染するのは時間の問題でしょう。

サビ病の蔓延はコーヒー生産者たちの大きな脅威となり、対処法がわからなかった頃は、コーヒー栽培から紅茶に転作したり、アラビカ種の栽培を諦め、サビ病に耐性のあるロブスタ種に移行したりした産地もたくさんあったほどです。

その後、サビ病に有効な殺菌剤が確認されたものの、年数回の散布にかかるコストが生産者を苦しめることになりました。またコーヒーの生産地は水源から遠いケースが多いため、殺菌剤の散布に必要な水をどう供給するかも大きな課題となったのです。

そんな中、急がれたのが、サビ病に耐性のある栽培種への品種改良でした。

サビ病に抵抗性があるロブスタ種の遺伝子が入ったアラビカタイプの突然変異種「ハイブリッド・ティモール」が見つかったのはポルトガルの植民地時代の東ティモールです。その後1955年には、ポルトガルのリスボン郊外にサビ病専門の研究所CIFC（Centro de Investigação das Ferrugens do Cafeeiro）が開設され、サビ病とハイブリッド・ティモールの研究が進められました。生産国の中でも技術が進んでいる国は、CIFCから純正のハイブリッド・ティモールを入手して独自に他のアラビカ種と人工交配を行い、サビ病に耐性があり、かつ品質の良い栽培種を開発するようになったのです。

コロンビアの国立中央コーヒー研究所（CENICAFE）は、この分野でかなり先行しており、

1980年代にはコロンビアを市場に出しました。これは、ハイブリッド・ティモールと、アラビカ種の中でも矮性で高品質・高収量の「カトゥーラ」とを人工交配させた栽培種で、他の産地ではカティモールと呼ばれているものと基本的には同じです。

このような耐性種が生まれたことで、多くのコーヒー生産者たちはサビ病の心配なくコーヒー栽培に従事できるようになりました。

またカティモール以外にも、ハイブリッド・ティモールをベースにしたいくつかのサビ病耐性変種が活躍しています。

ただ問題は、サビ病のほうも環境や殺菌剤に適応し進化を続けることです。最初に市場に出されたコロンビアに感染するサビ病はすでに発生しています。

そこでCENICAFEでは、コロンビアの改良版「カスティージョ」も市場に出しました。カスティージョは、13タイプあり、その地域の気候・環境そして蔓延しているサビ病の種類によって、使用する栽培種が推奨されています。さらに最近では、新たな改良種「CENICAFE1」も出され、この他のアラビカ種との人工交配も各国で行われるようになっており、次々とサビ病耐性種が生まれています。

自走式収穫機の発明

コーヒー農園経営で、一番人手とコストがかかるのが収穫作業です。同じ地域ならほぼ一斉に収穫作業に入る必要性が生じるため、収穫労働者の取り合いとなるのも悩みの種でした。奴隷制度の廃止とともにコーヒー産業が衰退した生産国もあったほど、コーヒー産業にとって労働力の確保は重要な問題なのです。

その状況に大きな変化をもたらしたのは、1970年7月に、ブラジルの日系農機具会社Jacto社が、世界初の自走式収穫機「K3」を発売したことです。すべて手摘みが基本だったコーヒー生産にとって、これは非常に画期的な発明でした。

それまでブラジルで1人の

上／コーヒー樹を跨いでゆっくり前進しながら、アームが付いた2本のシリンダーが上下運動しながら回転し、枝に付いているコーヒーチェリーを落としていく
下／シリンダーの下には受け皿があり、落ちたチェリーをコンベアでタンクに集める

9 コーヒーの技術革新

153

労働力が1日で収穫できる量の平均は250リットルでしたが、この機械を使うと1時間で4、000リットル、1日8時間で32、000リットルのコーヒーを収穫することができるようになり、大幅な労働力の削減が実現されるようになったのです。

この機械の出現により、ブラジルのコーヒー産業は飛躍的な発展を遂げることになります。その後改良が加えられ、最新の自走式収穫機には最高毎時14、000リットルの能力があるとも言われています。

ただし、自走式収穫機もすべての生産国で使用できるわけではありません。使える場所は基本的にはフラットな農地か、かなり緩やかな傾斜地に限られます。また高額な機械なので、小規模農家では

コストが合いません。それもあって使用されているのは、ブラジルでよく見られるような、農園が広大すぎて人手に頼っていては収穫時期を逃してしまうような産地や、ハワイ諸島（ハワイ島を除く）のように人件費が高くて手摘みできない産地に限定されています。

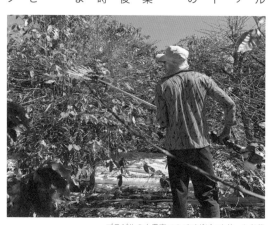
ブラジルの小農家でのパパガジョを使った収穫

ブラジルでは、コーヒーチェリーを手摘みする農家は稀で、小規模農家用にも収穫機が開発されました。熊手の先端が振動するパパガジョと呼ばれる機械を、コーヒー樹の枝に当ててコーヒーチェリーを下に敷いたシートの上に落とすやり方です。

技術革新にも影響するコーヒーの国際相場の低迷

このようにコーヒーの技術革新は、品種開発や収穫作業の効率化の分野で取り組みが進んできた一方で、ターゲット**3**の金融サービスやバリューチェーンへのアクセス、ターゲット**5**の開発途上国の研究開発支援も大きな課題と言えます。バリューチェーンで小規模農家が適正な報酬を受ける仕組みをつくることも大切ですが、やはり国際相場が本来の需要と供給によって成り立つようにし、国際コーヒー機関（ICO）もしくはそれに変わる組織が以前のように需要と供給のバランスを取れるようにするシステムが必要でしょう。

以前は、世界の主要生産国にはコーヒー研究所がありました。その運営資金は、国によって多少の違いはありましたが、コーヒーの流通価格の数％を国が徴収することで賄っていました。その研究成果が生産者への技術指導につながったわけですが、多くの国の資金が国際相場の低迷に

より枯渇し、研究所が閉鎖されました。ほとんどの生産国で言えることですが、生産量のマジョリティを占めるのは大農園のコーヒーでも、生産者のマジョリティは小規模農家です。つまり、国際相場は農園の規模の大小にかかわらず影響し、それが技術開発・支援にまで関わってきます。

これらの点は、SDGsに横断的に関わる課題として、今後国際的なネットワークも駆使して重点的に支援していくことが必要です。

不平等をコーヒーで解決する

Reduced Inequalities

➡➡➡ ゴール

国内及び国家間の格差を是正する。

➡➡➡ ターゲット

1 各国の所得下位40％の所得成長率が、国全体の平均値を上回るようにする。

2 年齢、性別、障がい者、人種、民族、生まれ、宗教、経済的地位やその他の地位に関わりなく、すべての人々のエンパワーメントを図り、社会的・経済的・政治的な「包摂」を促進する。

3 差別的な法律・政策・慣習を撤廃し、適切な法律・政策・行動を促進することにより、機会均等を確保し、「結果の不平等」を是正する。

4 税制、賃金、社会保障などの分野で平等を促進する政策を採用する。

5 世界金融市場と金融機関に対する規制とモニタリングを改善し、こうした規制を強化する。

6 グローバルな経済・金融制度の意思決定に開発途上国の参加や発言力を拡大させ、効果的で信頼しうる、説明責任のある正当な制度を実現する。

7 計画に基づきよく管理された移民政策などにより、秩序的、安全、規則的で責任ある移住や人々の移動を促進する。

ⓐ 世界貿易機関（WTO）の協定に従って、開発途上国に対する特別かつ異なる待遇の原則を実施する。

ⓑ 各国の国家計画やプログラムに従って、開発途上国への政府開発援助（ODA）や海外直接投資などの資金の流れを促進する。

ⓒ 移住労働者による送金コストを３％未満に引き下げる。

「結果の平等」か「機会の平等」か

　低所得層の人たちは、国の経済成長からどうしても取り残されがちです。国自体は経済成長を遂げているとしても、その恩恵を受けるのが高所得層の人に偏っていれば、所得格差は拡大することになります。

　本来であれば、低所得層にも経済成長の恩恵がもたらされるのが理想であり、そのような現象を「トリクルダウン効果」と呼びますが、現実にはそのような効果はほとんど働かず、所得格差は世界中でむしろ拡大する傾向にあります。

　ターゲット■は低所得層の所得を、少なくとも国全体の成長率と同じように成長させることで格差の拡大を抑えようとするものですが、もっとも所得の高い１％の層（つまり、超富裕層）の出現によって所得格差の拡大はむしろ深刻になっているのが現実です。

　1990年代の日本では、「結果の平等」か「機会の平等」かという論争が起こりました。「結果の平等」とは所得に大きな差をつけないということですが、これを確保しようとすると、より多くのお金を得ようとする機会は制限されることになります。それに対し、日本経済がバブル崩壊後、立ち直れないのは、「結果の平等」を求めるあまり、ビジネスチャンスが過剰に奪われていることが原因であり、アメリカのように「大金持ちになる機会」を認めるべきだというのが「機

会の平等」を求める人の言い分でした。

そして次第に「機会の平等」こそが本当に追求すべき平等であるという声が優勢になり、所得格差の拡大が容認される社会へと変わっていきました。1960年代の高度成長期には所得格差が縮小し、平等と成長を同時に達成した国として知られていた日本は、気がつけば立派な「格差社会」になったのです。1990年代以降に生まれた若い人にとってはもはやそれが当たり前で、日本は「不平等な国」というイメージのほうが強いのではないでしょうか。

貧困の原因は単に本人の能力が欠けているとか、まじめに働かないという本人の問題（つまり、自己責任）ではありません。本当の原因は社会から排除され、まともに働く機会を奪われていることです。そこで、それまで排除されていた人たちを社会の中に取り込むこと、つまり「包摂」によって根本的な貧困対策を図ろうというのがターゲット**2**の考え方なのです。

そしてターゲット**5**はコーヒーとも重要な関わりがあります。

なぜならコーヒーの世界市場は、1997年以降、投機資金の流入により乱高下を繰り返してきたからです。コーヒー価格を低迷させることで利益を得ようとする動きもあり、その結果、コーヒー生産者の貧困化が深刻になっています。このような投機資金は健全なコーヒー市場にとって有害であり、それを規制すべきだという議論が行われていますが、未だ解決をみてはいません。

経済的な貧しさは健康や教育にも影響する

左ページの表は、主な国の生活水準をさまざまな側面から検討した、国連開発計画の「人間開発報告」（2019年版）からの抜粋です。

コーヒーの消費国であるアメリカや日本の「一人当たり国民総所得」（以下平均所得）を、国別の物価水準の差を取り除いたPPP（購買力平価）でドルに換算すると、それぞれ56,140ドル、40,799ドルであるのに対し、コーヒーの生産国であるブラジルは14,068ドル、コロンビアは12,896ドルと、3〜4倍もの格差があります。世界第2位のコーヒー輸出国であるベトナムでも平均所得はわずか6,220ドルで、さらにケニアは3、052ドル、エチオピアは1、782ドルしかありません。消費国と生産国の間にはこれほど大きな所得格差があるのです。

とはいえ、その国の生活水準は、平均所得だけで測られるものではありません。

そこで、健康を表す指標として平均余命も比較してみることにしましょう。

例えばブラジルやコロンビアなどの平均余命は75歳を超えているので、所得水準は低くても、健康は維持されていると言えるかもしれません。一方、ケニア、エチオピアなどのアフリカの国々の平均余命は60歳代に留まり、これらの国々では経済的な貧しさが平均余命の短さに反映されて

いると考えられます。

次に教育について見てみましょう。

現在23歳以上の大人の平均教育年数を見るとブラジルやコロンビア、ケニアでは6〜9年であり、日本の中学校卒業までの年数の教育しか受けていないことになります。エチオピアにいたっては3年にも届いていません。つまり、小学校以下の教育しか受けていない人がほとんどだということになります。

ただし、教育については開発途上国でも近年は改善され

各国の生活水準

順 位	国 名	人間開発指数(HDI)	平均余命(年)	平均教育年数(年)	期待教育年数(年)	人当たり国民総所得(GNI)(2011 PPP $)
15	米 国	0.920	78.9	13.4	16.3	56,140
19	日 本	0.915	84.5	12.8	15.2	40,799
67	パナマ	0.795	78.3	10.2	12.9	20,455
68	コスタリカ	0.794	80.1	8.7	15.4	14,790
76	メキシコ	0.767	75.0	8.6	14.3	17,628
77	タ イ	0.765	76.9	7.7	14.7	16,129
79	ブラジル	0.761	75.7	7.8	15.4	14,068
79	コロンビア	0.761	77.1	8.3	14.6	12,896
85	エクアドル	0.758	76.8	9.0	14.9	10,141
96	ジャマイカ	0.726	74.4	9.8	13.1	7,932
111	インドネシア	0.707	71.5	8.0	12.9	11,256
118	ベトナム	0.693	75.3	8.2	12.7	6,220
124	エルサルバドル	0.667	73.1	6.9	12.0	6,973
126	グアテマラ	0.651	74.1	6.5	10.6	7,378
126	ニカラグア	0.651	74.3	6.8	12.2	4,790
131	東チモール	0.626	69.3	4.5	12.4	7,527
132	ホンジュラス	0.623	75.1	6.6	10.2	4,258
147	ケ ニ ア	0.579	66.3	6.6	11.1	3,052
157	ルワンダ	0.536	68.7	4.4	11.2	1,959
173	エチオピア	0.470	66.2	2.8	8.7	1,782

注）平均教育年数は 23 歳以上を対象とする。
注）期待教育年数：この年の教育パターンが続くと仮定して、教育を受け始める年齢のときに期待される教育年数。
国連開発計画『人間開発報告』(2019 年版) より作成。

てきており、今の子どもたちが今後教育を受ける年数（期待年数）はもっと長くなります。コスタリカやブラジルでは15・4年と日本より長くなっており、その他の多くの国では約12年と、日本の高校卒業までの年数をほぼ達成しています。エチオピアだけが8・7年と短く、日本の中学校卒業までの年数に留まっていますが、この数字を見る限り中学校も卒業できずに働かなければならないという児童労働の数は減ってきていると予想できます。

しかしもちろん、児童労働が完全になくなったわけではありませんので、その点については今後も注視していく必要があるでしょう。

☕ "人の暮らし" に焦点を合わせた豊かさの尺度

平均所得、健康、教育の3つの側面から各国の発展状況を見てきましたが、これらの三つの指標を統合したものが「人間開発指数」（Human Development Index ／ HDI）です。

言い換えるなら、「発展」を単なる経済成長ではなく、「人々の暮らしが良くなること」と捉えようとするものであり、国連開発計画（UNDP）によってその指数とランキングが1990年から公表されています。「経済開発」が経済に焦点を合わせるのに対して、「人間開発」は人の暮ら

164

らしに焦点を合わせており、この考え方は、一九九八年のノーベル経済学賞を受賞したアマルティ

ア・センの「ケイパビリティ・アプローチ」に基づいています。

ケイパビリティ・アプローチとは人が「何をできるか」という観点から人々の暮らしの良さを

捉えようとする考え方です。

開発とは「人々の選択肢が拡大すること」と言われることがありますが、「人間開発指数」の

観点から考えると「経済的に豊かな暮らしが送れる」だけでなく、「高い教育を受けることがで

きる」「長生きをすることができる」などの様々な選択肢を獲得することだと言うことができます。

言い換えれば、人々が様々な生き方を選択する「自由」を獲得することでそれぞれの可能性を

広げていく過程こそが開発なのであり、「人間開発指数」の提唱者であるセンの著書『Development

as Freedom（自由としての開発）』のタイトルはまさにそのことを示しているのです。

SDGsの17のゴールも、「十分な栄養を摂ることができる」「健康的に生きることができる」

「教育を受けることができる」「衛生的な水を利用できる」「働きがいのある仕事ができる」「平和

に生きることができる」「社会の活動に参加できる」「人々と連帯することができる」「豊かな自

然とともに生きることができる」など、人々の生き方の選択肢と深く関わっています。

つまり、SDGsの達成は、地球に住むすべての人たちの生き方の可能性を広げることにもつ

ながるのだと言えるでしょう。

☕ コーヒー農園の労働力確保と平等

さて、様々な人々の暮らしを支えるコーヒー産業ですが、一番労働力が必要となるのが収穫期です。そこで、収穫期における労働と平等について考えてみましょう。

収穫期になると、チェリーを摘む作業に携わる労働力の需要が発生します。同じ地域に位置する農園は、同時期に一斉に収穫が始まるので労働者の確保は容易ではなく、農園にとっての死活問題です。地元の労働者だけでは足りないので、産業の乏しい貧しい県の住民や人里離れた山中に住む先住民に頼るのが一般的です。

中にはコスタリカのように、他国の労働力が、収穫作業を担っている生産国もあります。

多くのニカラグア人が、コスタリカのコーヒー農園で働いていますし、コスタリカとパナマの国境地帯では、コーヒーの収穫期になると、パナマの先住民族の人たちがより良い収入と労働環境を求め、国境を越えて来ます。このような移動は政府の統計には現れにくいからこそ、コーヒーセクターとして隣国からの労働者を平等に扱う取り組みをすることが重要なのです。

コスタリカにおけるニカラグア人労働者の例で考えてみましょう。

スペインの経済新聞（EXPANCIÓN）に掲載された2019年の統計を見ると、コスタリカには人口の8・23％に当たる約42万人の外国人が住んでいます。その内訳を見ると、1位が70・

98％のニカラグア人、2位が5・17％のコロンビア人、3位が3・38％のエルサルバドル人です。

この数字を元に計算すると、約30万人のニカラグア人が住み、他の外国人を圧倒しています。し

かしこれはコスタリカ政府に登録し、税金を払っているニカラグア人の数です。コスタリカの

コーヒー関係者によれば、収穫作業に当たる労働者の60％はニカラグア人で、コスタリカには

100万人のニカラグア人が住み、そのほとんどが不法滞在者で税金も払っていないとのことで

す。その中には、定住している人に加え季節労働者も多く含まれています。

ニカラグアは、1936年から43年間、ソモサ一族の独裁政権下にありました。それに対しサ

ンディニスタ民族解放戦線が武装蜂起して第一次ニカラグア内戦が起こり、1979年に革命は

成功しました。しかしアメリカの支援を受けた親ソモサ派との第二次内戦が勃発し、ニカラグア

に平和が訪れたのは1987年です。ところが皮肉なことに、内戦終結によって大量の両軍兵士

が失業者となってしまいました。内戦中は、戦火を逃れる戦争難民が生まれましたが、その後の

度重なる経済政策の失敗や、新たな独裁者の出現により、多くの経済難民が発生しました。

やはり1970～1980年代に内戦や政情不安があったグアテマラ、エルサルバドル、ホン

ジュラスの貧しい人々は、北を目指しアメリカ合衆国に不法入国を試みました。しかし、ニカラ

グア難民の多くは、南の豊かな隣国コスタリカを目指したのです。アメリカ合衆国に行くより距

離が短くリスクも少なかったのが、一番の理由でしょう。

コスタリカに移ったニカラグア人の主要な働き先は、男性が工事現場、女性が家事使用人で、また男性と女性の双方が農業に従事しています。同じコーヒー生産国であるニカラグアからコスタリカに多くの農園労働者が移動したのも必然の結果でしょう。

2016年のニカラグア人労働者の平均賃金は、男性でコスタリカ人の66％、女性で55％と低いのが実情ですが、これはニカラグア人が就く仕事の多くに高い教育レベルが求められず、賃金が低いためです。

しかしこれでも、ニカラグアで働くより倍の稼ぎになります。コスタリカ人の中には、不法に労働するニカラグア人を非難する人々もいますが、実はコスタリカのブルーカラーの仕事の多くはニカラグア人が担っ

コスタリカのコーヒー農園の集荷風景。ワゴンの上に乗って監督しているのが、コスタリカ人スタッフ。下にいる収穫労働者とワゴンに乗ってコーヒーチェリーを受け取っているのがニカラグア人

ており、その労働力なくしては、コスタリカの経済はもはや立ちいかないのが実情なのです。そのことがわかっているコーヒー農園は、ニカラグア人労働者を平等に扱い、彼らの生活が豊かになるように支えています。

自国の労働力不足を他国からの労働力に頼ることは世界中の様々なセクターで見られます。日本でも外国人技能実習生という名で来日した人たちが自由を奪われ、働かされている事例が数多く報告されています。それらの事例は、ゴール8のターゲット**7**の「現代の奴隷制」に関わる問題となっています。政府の制度を利用して来日した人々の多くが人権侵害を訴える現状は、早急に改善すべきでしょう。

SDGsでは人種や性別、経済的地位などにかかわらず、すべての人たちに対して平等な社会を保障することを目指しています。そのようなインクルーシブな社会をつくることが、持続可能な未来をつくっていくのです。

コーヒーとまちづくり

Sustainable Cities
And Communities

➡➡➡ ゴール

人間の居住空間を包摂的で安全で強靱かつ持続可能なものにする。

➡➡➡ ターゲット

1 すべての人が適切で安全で安価な住宅と基本的サービスを利用できるようにし、スラムを改善する。

2 脆弱な立場にある人々、女性、子ども、障がい者、高齢者のニーズに特に配慮しながら、公共交通機関の拡大などにより、すべての人が安全で安価で持続可能な交通システムを利用できるようにする。

3 人々を包摂するような形で持続可能な都市化を促進し、人の居住地の計画や管理は住民参加型で統合的で持続可能なものとする。

4 世界の文化遺産と自然遺産を守る。

5 貧困層や脆弱な立場にある人々の保護に配慮しつつ、災害による死者や被災者の数と経済的損失を減らす。

6 空気の質と廃棄物の管理に特に注意しながら、都市の環境上の悪影響を減らす。

7 安全な緑地や公共スペースをだれでも利用できるようにする。特に、女性、子ども、高齢者、障がい者に配慮する。

ⓐ 各国・地域規模の開発計画の強化を通じて、経済、社会、環境面における都市部、都市周辺部及び農村部間の良好なつながりを支援する。

ⓑ 包摂、資源効率、気候変動の緩和と適応、災害に対する強靱さ（レジリエンス）に向けた総合的政策を実施し、「仙台防災枠組2015-2030」に沿って総合的な災害リスク管理を行う。

コーヒーは文化と街をつくる

エチオピアで生まれ、アラブ地域を経て世界中に広まったコーヒーは、それぞれの地域の風土や景観と融合し、独特のコーヒー文化を創り上げてきました。

コーヒー生産国においては、険しい山間に連なる無数のコーヒー畑と集落が織りなす美しい景観を作り出してきました。また、消費国においては、街のあちこちで見られる、人々の白熱した議論の場ともなったカフェの文化が、歴史的にも重要な役割を果たしてきたと言ってよいでしょう。

そうしてコーヒーは、その地域の人々の生活の一部となり、人々の暮らしや街の発展に貢献してきたのです。その影響はコーヒー生産国では特に大きく、コーヒーの存在抜きには語ることができない村や街が、世界各地にはたくさんあります。多くの生産国では、コーヒーはその土地の自然の恵みに育まれ、自然と調和し、人々の文化的価値やアイデンティティに根付いているのです。

そんな中、2011年にはコロンビアのアンデス山脈の西側と中央部にある6つのコーヒー生産地と18の都市が「コーヒー産地の文化的景観」としてユネスコの世界遺産に登録されました。

ユネスコの世界遺産とは、1972年のユネスコ総会で採択された「世界遺産条約（世界の文化遺産及び自然遺産の保護に関する条約）」に基づいて登録される「地球の生成と人類の歴史によって生み出され、過去から現在へと引き継がれてきたかけがえのない宝物」であり、「現在を

生きる世界中の人びとが過去から引継ぎ、未来へと伝えていかなければならない人類共通の遺産」のことです。

この地域では、険しい山間の狭小な土地に適した伝統的な耕法によって約1世紀もコーヒー生産を継続させており、それがコーヒー生産の象徴として評価されたのです。厳しい環境のもとで持続的な生産を実現した農家の努力が認められたと言ってもよいでしょう。

山間には、コーヒーの出荷に向け細い道が縫うように作られ、それはやがて平坦な場所に位置する街へとつながっていきます。その道を歩いてみれば、この地域がコーヒー生産を中心に栄えてきた歴史を感じることができます。また、コーヒーはこの地域の伝統的な手工芸や建築、装飾、祭り、食べ物、人々の価値観などにも大きな影響を与えています。

つまり、この地域にとってコーヒーは、人々の暮らしを豊かに彩る文化そのものなのです。

失われたコーヒー生産地

コロンビアより前の2000年に世界遺産に登録されたのが、キューバ南東部の「コーヒー農園発祥地の景観」です。「開拓当時の農業形態や苦闘の痕跡を物語るもの」として、文化的景観

が認められたことが登録の理由でした。

けれどもこのキューバ南東部は今、衰退か復興かの瀬戸際にあります。

シエラマエストラ山脈の麓、グアンタナモ州とサンティアゴ・デ・キューバ州の8万ヘクタールにまたがるこの地域は、19世紀の初め頃から世界有数のコーヒー生産地として経済的、社会的、技術的な発展を遂げました。

そのきっかけとなったのは、18世紀末のハイチ革命で追われたフランス系移民によってスペイン領だったキューバのこの地に「アラビカ種ティピカ」がもたらされたことです。この地域にはプランテーションが広がり、精選工場やオーナーの屋敷も建てられていました。

ところが、このまま繁栄を遂げるかに思えたこの場所は、やがて急速に衰退の道を歩むことになったのです。

そこには主に2つの理由があります。

まず一つめは、1822年にポルトガルから独立したブラジルで大規模なコーヒー栽培が始まったため、世界的にコーヒーの価格が下がってしまったことです。

そしてもう一つの理由は、19世紀前半からヨーロッパの国々が奴隷貿易を廃止する動きが始まったことでした。コロンビアではその頃にはすでに自立した生産者たちがコーヒー生産に携わっていましたが、キューバの農園はその労働力のほとんどをアフリカから連れられてきた黒人

奴隷に頼る、旧式のプランテーション型であったため、深刻な労働者不足に陥ってしまったのです。

また、1835年に、アメリカからの輸入品にスペインが課税をしたため、その対抗処置としてアメリカはスペイン製品に対し課税しました。当時まだスペイン領だったキューバとプエルトリコもその影響を受け、コーヒーや砂糖に課税されたことも追い討ちをかけることになりました。

その後中部地方のシエンフエゴスでも、同じ変種（アラビカ種ティピカ）のコーヒー栽培が始まり、1980年代には「クリスタル・マウンテン」というブランド名で、日本向けの輸出が始まりましたが、それよりも歴史が古かったはずの南東部のコーヒーは、ハリケーンの被害で生産量が徐々に減少しました。

政治的には、キューバは1902年にスペインからの独立を果たしましたが、その後1959年の革命を経て、1991年に起きたソビエト連邦の崩壊の影響で経済的基盤が揺らぎました。穀物などの援助がなくなり、国民への配給を滞らせないように主食の作物の作付面積を増やす必要に迫られました。その結果、コーヒーの生産量も減りました。キューバ人は、他の産地では見られないほどコーヒーをよく飲みます。ですから国民へのコーヒーの配給を維持するために国内消費に回され、輸出量は減りました。さらにキューバ革命以降続くアメリカからの経済制裁で、肥料や農薬、農業機械の輸入が自由にできず、ソ連崩壊後は深刻な石油不足に陥りコーヒーの集荷や出荷に影響が出ています。

ティピカ復活プロジェクト

実は、そのような衰退の流れの中で、キューバコーヒーはその栽培種にも変化が起こっています。その原因は1980年代に蔓延したサビ病（P150）で、サビ病に弱いティピカは淘汰され、多収量でサビ病に耐性がある交配種にとって代わられたのです。なお、現在でも「クリスタル・マウンテン」という名のコーヒーは販売されていますが、これは80年代のそれとはまったく違うコーヒーです。

そこで筆者の川島は、キューバ南東部のコーヒー復興に、かつての栽培種であるティピカを復活させるプロジェクトを立案しました。そのためには、山岳地帯の森に埋もれたフランス人入植者の農園跡地を探し当て、野生化したティピカを再生しなければなりません。

2017年最初のキューバ訪問の際は、キューバ政府はこのティピカ探しにはそれほど関心を示しませんでしたが、南東部のコーヒー産業復興のプランがあることは確認できました。そこで川島は翌年も訪問し、ティピカ探しと並行して、政府関係者に世界のコーヒー市場の動向とキューバンティピカの希少価値を説明しました。

そして3回目の訪問の2019年11月、ついに人里離れた山中で廃墟と化したプランテーションと屋敷跡を発見しました。そこには、予想通り、野生化したティピカが生き残っていたのです。

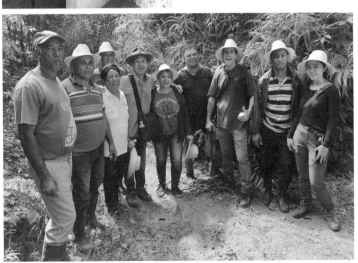

この「ティピカ復活プロジェクト」は、農業省と地元のコーヒー関係者の協力のもと進めています。実際、かつてのプランテーション跡地の発見に至ったのも、ティピカの味を覚えている東部のコーヒーに携わる長老たちがプロジェクトに大きな期待を寄せ、多大なる協力を惜しまなかったおかげでした。

上／農園を訪問したら明るく迎えてくれて、さっそくコーヒーをご馳走してくれた。物不足のキューバでは、何でも利用する
下／筆者・川島とティピカ探検隊のメンバーたち

かつてコーヒーと砂糖で栄えたこの地域には、1903年にアメリカが永久租借した米海軍グアンタナモ基地があります。1959年のキューバ革命以降も、キューバ政府の返還要求に応じずこの基地は存在しており、キューバ政府により外国人がこの地域に入ることは制限されています。キューバ国民も自由に基地に近づくことはできません。また度重なるハリケーンの被害も多く、他の地域に比べて開発が遅れています。

つまり、『ティピカ復活プロジェクト』は、古くから当地に住む住民が待ち望む計画であり、キューバ南東部に住む人たちの共通の夢でもあるのです。

☕ コーヒーとスラム

開発途上国の大都市には必ずと言っていいほど、スラムと呼ばれる地域があります。それは、コーヒー生産国も例外ではありません。

ブラジルのファベーラやジャマイカのゲットーなどは有名ですが、職を求めて首都や大都市に流入した地方の貧困層が安価に滞在できる場所に集団で居住することによってスラムは形成されていきます。

そのほとんどは国家の統計や管轄の対象に含まれず、生活に必要な公的サービスが行き届かないのが現状です。

下水道が完備されずに悪臭が漂う、劣悪な衛生状態の中で人々がひしめき合っているところもたくさんあります。電気や水道などの基本的なサービスを受けることもできません。また、公的な教育機関がないため、ほとんどの人たちは貧困のために教育も受けられず、そのせいで就労の機会にも恵まれません。

このような様々な種類の負のスパイラルに陥っているのが、スラムの現状なのです。それでもそこに住まざるを得ない人は大勢いて、その多くは地方の貧しい田舎からやむを得ず出てきた人たちです。生きる場所を求めて人々が移動した結果、生まれたのがスラムなのです。

一方、コーヒーが栽培される高地では、このようなスラムを見ることは滅多にありません。それは、農園や精選工場などで仕事を得て、生きていくための最低限の報酬を得ることが可能だからです。

しかし、国際相場が長期間低迷している現在では、コーヒー栽培を諦めてしまう生産者も現れ始め、農園や精選工場の仕事も減りつつあり、その結果、若者は都市部に流出し、その際、まず移り住むのがスラムなのです。

中には、スラムのコミュニティの中で仕事を探せる場合もあります。最初は路上での物売りの

ような、国家の統計や記録に含まれない、いわゆるインフォーマルな仕事が大半ですが、そこで経験を積むことでフォーマルな仕事に就ける可能性も開かれます。まともな仕事を得ることさえできればスラムから脱出することもできるので、フォーマルセクターへの入り口として、スラムを肯定的に評価しようという考え方もあります。

ただし、スラムの行方はその国の経済発展と人口成長によっても大きく異なり、もし経済成長率が十分に高ければ、経済成長とともに行政によってスラムの生活が改善されたり、スラム自体が消滅することもありますが、経済発展が停滞している国ではスラムは消えることはなく、むしろ拡大する危険性もあります。

コーヒー生産という観点から言えば、若者の流出は、農村部の高齢化と過疎化に拍車を掛けることにつながるため、コーヒー生産がさらに立ちいかなくなることが懸念されています。

● スラムでコーヒーの仕事に就く

一方で、コーヒー生産がスラムの人々の暮らしの改善に役立った例もあります。

ここでは、ジャマイカのジュニパー・ピーク農園を経営するコーヒー・トレーダーズ社の活動

を紹介しましょう。

ブルーマウンテン山脈に複数のコーヒー農園と、キングストン市内に精選工場及びコーヒーショップを展開しているこの会社では、「環境と人権を守るコーヒー生産」をモットーとしており、工場周辺にある学校への資金的なサポートも行っていることでも知られています。

さらに、首都キングストンにある精選工場ではゲットーの住人の積極的な採用も行っているのです。

現在工場で働いている50名の男性と約500名の女性従業員のほとんどは、4カ所のゲットー（チボリ・ガーデンズ、アーネット・ガーデンズ、グリーンウィッチ・ファーム、デンハム・タウン）からやってくる人たちです。彼らはここで収入を得て、生活環境を大幅に改善させています。

その中の一人、リモーネ・ミークスもゲットーから工場に通う労働者の一人でした。

そこでコーヒー生豆の手選別に長年携わっていた彼女は、努力の結果、品質管理室の責任者となり、コーヒーテイスターの国際ライセンスまで取得しています。今では、なんと会社を代表して海外出張もこなすまでになっているのです。

また、自分自身の成長に止まらず、彼女は自分の家族にも大きな恵みをもたらしています。優秀な従業員として会長賞を受賞し、その副賞として家族に提供する奨学金を得たのです。そのおかげで、彼女の妹は看護学校に入学することができました。彼女は、妹にも自らの努力で貧困か

11
コーヒーとまちづくり

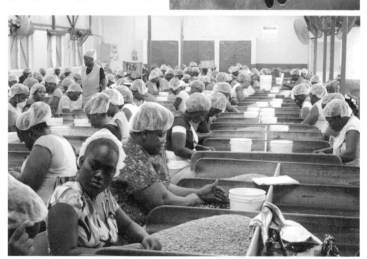

ら脱出するチャンスをプレゼントすることが
できたのです。

　ゲットーに住んでいる人々は、養わねばな
らない子どもの数が多く、最低限の生活を維
持するだけでも大変です。女性のほとんどは
十分な教育を受けておらず、スキルを磨く機
会にも恵まれないため、職を得ることが非常

上／努力が認められ資格も取りマネージャーに昇格したリモーネ・ミークス
下／ブルーマウンテンコーヒーの品質選別。ここで虫食いや欠け豆、変色した豆がはじかれる

に難しいという状況にあります。

　夫の収入にしか頼れないとなると、生活は非常に不安定になります。また、夫の負担が大きくなることで、家庭内暴力の問題も生じやすくなります。

　女性たちがこの工場で就労し収入を得られるようになったことで経済的に余裕ができ、それにより夫である男性の肉体的、精神的な負担も軽減されるようになりました。この工場はゲットーに囲まれ、決して治安が良いとは言えない場所にあるのですが、工場の存在に感謝している男性たちが用心棒となって、この工場を守ってくれていると言います。

　スラムに暮らす人々が自らの生活を改善するために自主的に努力し、行動を起こすと、住民の間に連帯感と責任感が生まれます。その力は、トップダウン型のプロジェクトよりも強く、スラムの問題を改善していく上での一つの鍵とも言われています。

　このように、コーヒー生産は、多くの人々に支えられるからこそ、様々な地域に根付き、村やまちを形成し、人々の生活に変化をもたらすことができるのです。

つくる責任
つかう責任

コーヒーをつくる責任と飲む人の責任

Responsible Consumption
And Production

➡➡➡ ゴール

消費と生産を持続可能なものにする。

➡➡➡ ターゲット

1. 「持続可能な消費と生産に関する10年計画枠組み[※1]」を実施する。
2. 天然資源の持続可能な管理と効率的な利用を達成する。
3. 小売と消費における食料の廃棄を減らし、収穫後損失[※2]を含め生産とサプライチェーンにおける食品ロスを減少させる。
4. 化学物質を含むすべての廃棄物を環境的に適正に管理し、大気、水、土壌への放出を抑え、人の健康や環境への悪影響を最小化する。
5. 廃棄物の発生を防ぎ、3R[※3]（リデュース、リユース、リサイクル）によって、廃棄物の発生を大幅に削減する。
6. 企業が持続可能な取り組みを導入し、持続可能性に関する情報を定期報告に盛り込むよう奨励する。
7. 持続可能な形での公的な調達を促進する。
8. すべての人が「持続可能な開発」と「自然と調和したライフスタイル」に関する情報と意識を持つようにする。

a. 持続可能な消費と生産を促進するため、開発途上国に対して科学的・技術的能力の強化を支援する。
b. 雇用を創出し、地方の文化と物産の振興につながる「持続可能な観光」の影響を測定する方法を開発・導入する。
c. 無駄な消費を促進することになる化石燃料に対する非効率で有害な補助金を撤廃し、税制を改正し、市場の歪みを取り除く。

※1「持続可能な消費と生産に関する10年計画枠組み」（10-Year Framework of Programmes on Sustainable Consumption and Production Patterns）：2012年にブラジル・リオデジャネイロで開催された国連持続可能な開発会議（リオ＋20）で採択されたもの。
※2 収穫後損失：収穫後から消費者が消費するまでの段階で発生するロスのこと。
※3 3R：原文では "reduction, recycling and reuse" と表現されている。

廃棄物に対して消費者ができること

私たちは消費者としてモノを消費しています。しかしその消費の過程で、同時に環境を破壊している可能性があります。一方、生産者も消費者に提供するモノを作るために資源を使います。

しかしそれも、同時に環境を破壊している可能性があります。そしてそのような環境の破壊を伴う消費や生産はすべて「持続不可能」であると言わざるを得ません。

もちろん生きていく限り、私たちは資源を利用しなければなりません。そのためにはどうしても避けられない環境破壊もあるでしょう。また、貧しい人たちの生活水準を上げるためにも資源の利用は必要です。

ただしそのような状況の中でも、「消費や生産」をできる限り持続可能なものにするためには、過剰な資源の利用を控えて温室効果ガスの排出を抑制することや、資源を効率的に利用することを目指さなければなりません。これらの課題は国や企業に任せておけばいいと考えがちですが、私たち一人一人が取り組むべき重要な課題なのです。

スーパーやコンビニでのレジ袋の使用を減らすべきだという考えが日本でもようやく浸透し、カフェなどでもプラスチック製のストローを紙製のものに切り替えるという工夫も始まりつつあります。けれども消費者としてできることはまだまだたくさんあることにもっと多くの人が気づ

186

かなければなりません。

特に廃棄物に対しては消費者としてできることはたくさんあり、そのキーワードとなるのが、ターゲット**5**に示された3R、すなわち削減、再利用、リサイクルです。

環境省のウェブサイトでは、その内容は次のように説明されています。

● リデュース➡ 物を大切に使い、ごみを減らす。

　［例］必要ない物は買わない、もらわない。買い物にはマイバッグを参持する。

● リユース➡ 使える物は、繰り返し使う。

　［例］詰め替え用の製品を選ぶ。いらなくなった物を譲り合う。

● リサイクル➡ ごみを資源として再び利用する。

　［例］ごみを正しく分別する。ごみを再生して作られた製品を利用する。

ここではこれら3つのRの間に優先順位は付けられていませんが、EUにおいては以下のような廃棄ヒエラルキーというものが存在し、廃棄物に対する対応が優先度に応じて5段階に分類されています。

❶ Prevention（プリベンション、防止）➡ 廃棄物を出さない

❷ Reuse（リユース、再利用）➡ 元と同じ目的で利用すること

❸ Recycling（リサイクル）➡ 廃棄物を原材料として新しい製品を作ること

④ Recovery（リカバリー、回収）⬇ 廃棄物を他の有用な目的に用いること。例えば、廃棄物を焼却して熱エネルギーを得ること。

⑤ Disposal（廃棄）⬇ もっとも持続可能でない方法。埋め立てなど。

つまり、もっとも優先度が高いのが「プリベンション（廃棄物を出さないこと）」であり、もっとも望ましくないのが、「ディスポーザル（単純な廃棄）」だということです。

例えば、コーヒーショップにマイカップを持参したり、マグカップで提供してもらえば、持ち帰り用のカップをゴミとして出さずに済みますし（プリベンション）、持ち帰り用のカップも繰り返し使ったり（リユース）、例えば小物入れにするなど別の目的に使えば（リカバリー）、ゴミを減らすことにつながります。それもできなければ、燃やして暖房の熱源にする（リサイクル）という選択肢もあります。このように「使い捨て」を当たり前にするのではなく、単純に廃棄するのはあくまでも最終手段であるという意識をすべての人がもつことが大切なのです。

日本のプラスチック循環利用協会は、「わが国の廃プラスチックの有効利用率は2018年では84％と高い水準」であるとし、「これは世界でもトップクラスに位置し、わが国のリサイクルへの取り組み意識の高さを示しているものといえます」と誇らしげに述べているのですが、実際にはその半分以上を「サーマルリサイクル」が占めています。日本では、廃棄物を焼却して熱エ

ネルギーを得る「サーマルリサイクル」をリサイクルの一つとして位置付けていますが、EUの基準ではそれはあくまでも「リカバリー」であり、リサイクルより優先度は低いとされています。

つまり、EUの基準に従うなら、日本は明らかにリサイクル後進国であると言えるのです。

☕ コーヒーが環境を破壊する？

コーヒーの生産者、つまり、つくる側にできることにはどのようなことがあるのでしょうか。

実は、コーヒー栽培は、環境破壊の元凶であるかのように批判された時代もありました。

その理由の一つは、廃棄物の多さです。

第6章でも触れた通り、コーヒーは、加工が前提の農作物であり、その過程で大量の廃棄物や排水が出てしまうことは避けられません。収穫後の精選と呼ばれる種（コーヒー豆）を取り出す過程の中で、コーヒーチェリーから取り除かれた果皮は、ジャムや「カスカラティー」の茶葉などに加工されることもありますが、それはほんの一部にすぎず、そのほとんどは廃棄されます。

つまり、精選が終わる頃には、果皮の廃棄物が大量に生じるのです。

この大量に出る果皮の廃棄物を有効利用すべく、世界各国で生産者たちが積極的に再利用に取

上 / 精選工程で剥かれたコーヒーチェリーの果皮
下・右 / 果皮をミミズに食べさせ堆肥を作る
下・左 / パーチメントの殻(ハスク)。これが、乾燥機の熱源になる

り組んでいます。

例えば、果皮を分解し堆肥化して畑に撒いたり、栄養価の高い果皮を食べさせたミミズの糞を畑に撒くなど、肥料として再利用するほか、果皮に石灰を撒いて中和させたあと天日で乾燥させ、それをコーヒーの機械乾燥の燃料として使用することも盛んに行われるようになりました。果皮と同様に破棄されるパーチメントも、そのまま燃料として使われています。

さらに脱殻後のコーヒーの殻を乾燥させて粉状に加工すれば、小麦粉の代替品としてパンやケーキの材料として使うこともできます。「コーヒーフラワー」と呼ばれるこの粉は、果肉のほんのり甘い風味があり、ポリフェノール、ビタミンA、繊維質、タンパク質、カリウム、鉄分を多く含み、アメリカなどではスーパーフードとも呼ばれ、健康志向の高い人たちが注目する商品にもなっています。

また、コーヒーの果実は、青い未熟なものよりも真っ赤な完熟した果実のほうが価値は高く、それがコーヒーの品質を高めるのですが、完熟した果実だけを摘み取るという作業は時間がかかるため、急いで収穫しようとするとどうしても未熟な実まで収穫してしまいます。

生産者からの買い取り価格が品質にかかわらず一定である場合は、生産者には完熟した果実だけを収穫しようとするインセンティブを欠くことになり、それは結果的にコーヒーにより多くの未成熟豆が含まれることにつながります。

コーヒー会社や消費者が安いコーヒーを追い求めることは、生産者側のつくる意識を低下させ、長い目で見ればコーヒー産業にも良いことはないのです。

コモディティコーヒーでもスペシャルティのように品質が重視されるようになれば、より良い価格で売れるというインセンティブによって、丁寧な収穫が行われ、それが結果的に未成熟豆や欠点豆を最小限に抑えることにも繋がっていきます。

つまり、完熟まで収穫を待つことで、より多くのコーヒーが美味しくなって世界に流通することにもつながるのです。

コーヒーは味や香りを楽しむ嗜好品です。安さでなく品質を評価することが、コーヒー農家の生活向上に貢献するだけでなく、コーヒー産業全体を底上げしていくという事実を、もっと多くの人に気づいて欲しいところです。

● コーヒーを飲む人の 「つかう責任」

現地の 「つくる責任」 と、消費国の 「つかう責任」 をつなぐ仕組みの一つとして、コーヒーに関わる様々な認証プログラムがあります。

最近はスーパーの店頭でも認証ラベルのついた製品を見かけるようになりました。日本では、国際フェアトレード認証ラベル（運営機関はフェアトレード・インターナショナル）やレインフォレスト・アライアンスのマークを見かけることが多いようです。スミソニアン®協会による、バードフレンドリー®プログラムの製品も見かけます。

最初の2団体は国際的なネットワークを持つ、規模の大きい団体です。2団体に比べるとやや規模は小さくなりますが、バードフレンドリー®にも、12カ国、5,000戸以上の農家が参加しています。

コーヒー生産は環境や社会問題と密接に関わるため、認証団体が審査対象とする基準の多くが、SDGsの項目を横断的にカバーしています。そこで、各団体が特に重点的に取り組むSDGsの項目のみをまとめたのが次ページの表です。

なお、レインフォレスト・アライアンスは2018年に別の団体「UTZ」と合併し、2021年7月から新しい認証基準の運用を開始しています。

認証団体が審査する項目の内容には、大きく分けて、環境、社会、農園管理の3つの分野があります。

審査基準は団体ごとに異なり、団体によって力を入れている分野では、より細かい内容が定められています。

各認証プログラムの概要

	レインフォレスト・アライアンス	国際フェアトレード認証	バードフレンドリー® 認証
ロゴマーク			
設立年開始年	1987年 *2018年に(旧)レインフォレスト・アライアンスとUTZが合併	1997年	1999年
本部	オランダ、米国	ドイツ	米国
団体のミッション	社会と市場の力を利用して自然を保護し、農業生産者と森林コミュニティの生活を改善することにより、より持続可能な世界を創造する	途上国の生産者が貧困に打ち勝ち、自らの力で生活を改善していけるよう、企業・市民・行政の意識を改革し、フェアトレードの理念を広め、より公正な貿易構造を根付かせる	渡り鳥の壮大な移動の現象を理解し、保全する 【バードフレンドリー®プログラム】 森林破壊の脅威から最も質の高い渡り鳥の生息地保護を目的とする
参加農家数	2021年7月より監査開始	838,116 (2020年)	5,100 (2021年)
販売実績(トン)	2021年7月より監査開始	226,338 (2020年)	745 (2021年)
特に関連の高いSDGsのターゲット			

2021年の旧レインフォレスト・アライアンス認証プログラムの参加農家数 296,612戸 販売実績 438,001トン
2021年のUTZ認証プログラムの参加農家数 385,003戸 販売実績 658,282トン

例えば、フェアトレードは人権の保護や小規模農家への配慮、レインフォレスト・アライアンスは環境保全や農園管理などに特に力を入れています。

学術研究団体であるスミソニアン®協会によるバードフレンドリー®プログラムは、渡り鳥の保全に注力をしており、認証ロゴとともに販売される製品のロイヤリティの一部は、スミソニアン®渡り鳥センターの調査・保護活動の費用に役立てられます。

各団体とも、コーヒー生産における課題や可能性に着目し、改善したい、という点では思いが一致しているため、審査する項目には共通点があります。ただ、それによって各認証団体の内容の違いが、わかりにくくなっていることは否めないかもしれません。そしてこれは、参加する農園側にとっても共通する悩みでもあり、農園としてどの認証を取得すればよいのかがわからない、という声も聞かれます。

このため2018年に、大きな認証団体のうち、レインフォレスト・アライアンスとUTZの2団体が合併したことは、コーヒーを作る側にとっても、使う側にとっても、認証市場を整理し、各団体が目指す目的への理解を深めることに貢献すると言えるでしょう。長期的には、認証コーヒー市場自体の成長につながることが期待されます。

コーヒー業界に広がる「つくる責任」への取り組み

前述の認証プログラム以外にも、様々な理念を掲げ、コーヒーのサステイナビリティに関わるプログラムがあります。大手のコーヒー企業は、独自のサステイナビリティに関わる調達プログラムを策定し、実施しています。

スターバックス社の「C.A.F.Eプラクティス」、ネスレ社の「AAAサステイナブル・クオリティプログラム」は、第三者機関による農園の審査と農家への様々な支援を組み合わせ、自社の調達計画にサステイナビリティへの配慮を組み込んでいます。

また、2015年にはコンサベーション・インターナショナル（CI）がコーヒーを真に持続可能な農産物にすることを目的に、「サステナブル・コーヒー・チャレンジ」というイニシアチブを立ち上げました。これは、コーヒー業界をよりサステイナブルにすることを目指し、生産者、焙煎業者、政府、教育機関など、多様な関係者が自ら新たな目標を宣言、実行、報告するものです。前述の認証団体や、スターバックス社、ネスレ社も名を連ね、認証の範囲を超えた新たな動きを作り出しています。ただ、日本の会社でこの活動に参加しているのは数社しかなく、特に大手コーヒー会社がまったく入っていないのが残念です。

また、団体として規模は小さくても、地域社会に根ざしてコーヒー農家の様々なニーズを支え

196

る活動や、小さな農園のサステイナビリティに関わる取り組みも行われています。活動主体や農園主の顔がわかる形で伝えられれば、それはそれでとても付加価値の高いコーヒーとして楽しむこともできますし、消費者の「つかう責任」への意欲を刺激することにもなるはずです。

日本にいる消費者の私たちが、常に店頭やレストランでそのようなコーヒーを求め続ければ、コーヒーを通じた「つかう責任」を果たすことができます。そして、日本のコーヒー業界には、サステイナブルなコーヒーを公正な価格で取引する「つかう責任」があるのはもちろん、自社の取り組みに基づき、消費者の「つかう責任」を喚起する責任があるのです。

13 気候変動に
具体的な対策を

コーヒーの気候変動対策

Climate Action

➡➡➡ ゴール
気候変動とその影響に立ち向かうため、緊急対策を取る。

➡➡➡ ターゲット
1 気候に関連する危険性や自然災害に対する強靱性(レジリエンス)と適応能力を強化する。
2 気候変動対策を国の政策や計画に盛り込む。
3 気候変動を緩和し、それに適応し、その影響を軽減し、気候変動への注意を早期に促すために、教育、啓発、人的能力、制度的機能の改善を行う。
ⓐ 開発途上国が気候変動の影響を緩和するための政策を実施するために、「緑の気候基金」※1(Green Climate Fund)を早急に運用できるように、国連気候変動枠組条約の先進締約国は2020年までに年間1,000億ドルの資金を調達する。
ⓑ 開発途上国が、女性、青年、取り残された地域コミュニティに焦点を合わせて、気候変動関連の計画策定と管理を効果的に行う能力を向上させる。

※1 緑の気候基金(Green Climate Fund ∕ GCF):途上国による温室効果ガス削減(緩和)と気候変動の影響への対処(適応)を支援するために設立された多国間基金。

気候変動は人類が直面する重大な危機

気候変動は世界が抱えている緊急で重要な課題であるにもかかわらず、このゴールのターゲットはわずか3つしかありません。また、「具体的な対策を」というキャッチフレーズの文言とは裏腹に、その内容はかなり抽象的で他のゴールのターゲットに比べると、歯切れの悪い印象を受けます。しかも、地球温暖化という文言は一切入っていません。

SDGs全体を見ても、地球温暖化、温室効果ガス、二酸化炭素

各国別の温室効果ガス排出量シェア（2018年）

- その他 22.9%
- 南アフリカ 1.1%
- オーストラリア 1.3%
- 韓国 1.4%
- サウジアラビア 1.4%
- メキシコ 1.5%
- イラン 1.7%
- カナダ 1.7%
- インドネシア 1.9%
- ブラジル 2.5%
- 日本 2.7%
- ロシア 4.6%
- インド 6.7%
- EU28カ国 9.0%
- アメリカ合衆国 12.9%
- 中国 26.6%

資源エネルギー庁の資料を元に作成

といった言葉は実はどこにも見当たりません。SDGsが採決された2015年は、別途国連の気候変動枠組条約が年末の12月にパリで新たな合意を目指していたため、事前に内容を決めることを敬遠したためです。

そのような政治的理由はともかく、気候変動が近年人類が直面する最大の危機の一つであることは疑う余地はありません。国連気候変動枠組条約が採択されてから30年近くを経ても、各国の対応は遅々として進まない一方、気候変動による様々な問題が世界各地ですでに起こっています。

今や気候変動は、環境問題という枠組みを超え、開発や経済、人権問題にも絡む、複雑な問題と化しているのです。

☕ コーヒー生産地が抱える現実と課題

気候変動は既に世界のコーヒー生産地にも様々な影響を与えています。中南米では近年多くの地域で気温の上昇や降雨の変化が報告されました。高温多湿な環境の変化に対策が追いつかない農園では、放っておけばコーヒー樹ごと枯らしてしまうサビ病（P150）が大流行し、コーヒー価格の下落も相まって、多くの農家がコーヒー栽培を諦める事態へと発展しています。

ブラジルの霜害　手前が葉が焼けてしまったコーヒー樹

サビ病の被害で放棄されたコーヒー畑

サビ病には「雨季に蔓延し、乾季には活動が弱まる」という特性があるので、日頃からコーヒー樹に十分な栄養を与え、雨季になる前と雨季中に殺菌剤を撒き、日射量の確保と湿度が上がらないように風通しを良くするために日陰樹の枝を落としておけば、被害は最小限に抑えることができきます。つまり、本来であれば、サビ病とうまく共存することは難しくはなかったのです。

ところが、気候変動の影響によって雨季と乾季のパターンにズレが生じ、殺菌剤を撒いたり、シェイドコントロールをするタイミングを計ることが難しくなってしまいました。

しかも、雨季の雨量が想定外のレベルに達した地域では、サビ病が活動しやすい湿度がいつまでも保たれ、本来ならそれとは無縁であるはずの乾季でさえサビ病の被害が見られるようになっています。

また、気候変動は極端な天候をもたらすことが多く、アフリカの一部の地域では、雨季の期間が短くなり、頻繁に干ばつが起こるという現象も現れています。

このような事態は多くの人々、特にコーヒー生産が農産物生産の半分を占める中南米地域の人々の生活を困難にしています。また、地域によっては突然霜が降りたり、雹（りょう）が降ったり、強風が激しくなるなど様々な形の自然災害が観測されています。

数多くの自然災害が気候変動の影響によるものであると科学的に実証する作業は、とても時間がかかるプロセスです。しかし、コーヒーの生産地を訪問する度に、多くの生産農家の人たちが「何

十年もここでコーヒー農園をしているが、こんな天気は初めてだ」と口を揃えます。現地の農家の人々の実感がこもったこのような言葉の重みに、世界はもっと耳を傾けなければいけません。

● コーヒー生産地域の移動と減少

気候変動の影響によって、2050年までに世界で多くのコーヒー生産地域が移動したり、縮小することがすでに予測されています。

左ページに掲載した中南米地域の地図は、2010年時点と2050年時点（予測）でのコーヒー生産適地を示したものです。つまり、2010年時点にはこの地域の大半を占めていた生産適地が2050年には大幅に減少すると予測されているのです。しかもこれは中南米地域に限った話ではなく、同様の事態は世界レベルで起こると考えられています。

前述したように、コーヒーの樹種には大きく分けてアラビカ種とロブスタ種があります。ロブスタ種は、低地の気温の高い地域で多くが育てられますが、アラビカ種の多くは高地で日中と夜間の寒暖差が大きい地域で育てられます。

ただ、今後気候変動の影響で気温上昇が確認される地域では、アラビカ種に適した栽培環境

中南米のコーヒー生産適地（2010年）

中南米のコーヒー生産適地（2050年）

■……アラビカ栽培適地
■……ロブスタ栽培適地
■……アラビカ&ロブスタ栽培適地

©コンサベーション・インターナショナル（CI）

がより高地へと移動することが予測されています。しかも、東南アジアやアフリカ地域を含む世界各地にその文化が広がったこともあってコーヒーの消費量は年々増加しており、2050年までにその需要は3倍に増加すると言われています。高まる世界のコーヒー需要に応えるために、その生産量をさらに増やす必要があります。しかしそれは、現状の技術ではまだ残されている高地の豊かな森林がコーヒー栽培の犠牲になるかもしれない、ということを意味しているのです。

それだけではありません。

コーヒー農園が高地に移動したことによる森林破壊が進めば、森林が蓄えていた二酸化炭素は大量に大気中に放出されます。つまり、気候変動によってコーヒー農園が高地に移動

コロンビアのコーヒー農園。標高の高い地域に原生林が広がる

すれば、気候変動をますます悪化させるという悪循環に陥ることも十分にあり得るのです。

そのような負のループを断ち切るには、気候変動に適応しながらコーヒーの生産性を維持するための様々な努力や工夫が必要なのです。

☕ 気候変動の影響に適応するコーヒー生産とは？

通常、コーヒーは苗を植えてから収穫までに2〜3年を要し、安定した収穫を得るまでには5年以上かかります。気候変動の影響に適応するための努力は、早急に着手しなければ、手遅れにもなりかねません。

そのため、すでに多くのコーヒー生産地では、様々な気候変動への適応策が積極的に講じられています。

例えば干ばつ対策としては、日陰樹や畝と畝の間に高くならない植物（グランドカバー）を植えることで、土壌に保水性を生み出す取り組みがなされています。日陰樹を必要としないサングロウンコーヒーの畑ではとりわけグランドカバーは重要で、これがあるのとないのとでは、乾季の時期に大きな差が出ます。

実は1970年以降、サングロウンコーヒーのサビ病への耐性が注目されるようになり、日陰樹と共生させながら育てるシェイドグロウンコーヒーからの転換を進める農家が増えていたのですが、干ばつ被害が深刻になった近年、スペシャルティコーヒーブームも相まって、シェイドグロウンコーヒーの良さが改めて見直されています。なお、森林伐採の抑制にもつながるシェイドグロウンコーヒーのメリットについては、第15章で詳しくお話しします。

また、ロブスタ種の根は、非常に強く地中深く張るため、アラビカ種の根では届かないような、水分を保っている深いところまで成長し干ばつに耐えられる可能性があります。

そこで接ぎ穂にアラビカ種を使い、台木にロブスタ種を使った苗を作る技術が広がりました。接ぎ木というこの方法は元々、線虫に耐性のあるロブスタ

コーヒーの接ぎ木。ロブスタ種の台木にアラビカ種の接ぎ穂

種を台木にして、アラビカ種を栽培する方法として広まったものです。

風の影響も年々増えており、元来風が強かった地域への影響も、さらに強くなったり長期化したりしています。強すぎる風は葉を飛ばしたりコーヒー樹そのものを倒したりするだけではなく、地面の水分も失わせてしまいます。それに備え、近年は防風林を植える農家が増えています。

☕ サプライチェーン全体で支援する重要性

コーヒー農園が気候変動に適応するためには、それぞれの農園によって異なるニーズを踏まえた対策が重要です。

というのも、コーヒー農園の多くは農園主の想いが強く反映されるため、同じ地域でも植えられているコーヒーの樹種や日陰樹、農園管理の仕方などは実に様々だからです。さらに農園の地理的な位置、地形や土壌、コーヒーの木の樹齢などの条件まで加味すれば、隣接する農園でもまったく異なる気候変動対策が必要ということもあり得ます。

このような多様なニーズに応えるため、コーヒー農家が気候変動に適応するための知識や方法、研究結果を広く共有するプラットフォーム型のウェブサイトも立ち上がっています（https://

coffeeandclimate.org/）。研究熱心な生産者は、自らの農園のニーズに合わせ、実に様々な方法を試したり取り入れたりしているのです。

ただその一方で、多くの小規模農家は、生産コストの増加や世界的なコーヒー価格の下落、労働力不足などの問題に追われており、気候変動に適応するための知識や技術を持ち合わせていません。また、コーヒーが気候変動に適応するための研究が多くなされても、研究結果が広く現場で採用されるまでには膨大な時間がかかります。科学的な研究の多くが、結果を得た後、結果を広く普及させるまでの計画や予算を持っていないことも大きな課題となっています。

世界中のコーヒー農園が気候変動に苦しんでいる現実に、毎日コーヒーを楽しんでいる人の多くは目を向けていません。

しかしコーヒー生産を持続可能なものにするためには、コーヒーを取り扱うサプライチェーン全体で知識を共有しながら協力し合い、気候変動に適応するための戦略的な対策を講じていかなければなりません。

ネスレ社やスターバックス社は、気候変動適応への支援の一環として、コーヒー農園の回復力を高めるためにコーヒーの苗木を無償で供給する取り組みに参加しています。

しかし、コーヒーの苗木の提供だけでは、根本的な解決にはなりません。各農家のニーズに沿ったさらなる支援が重要なのです。

コーヒーで守る海の豊かさ

Life Below Water

➡➡➡ ゴール

海と海洋資源を保全し、持続可能な形で利用する。

➡➡➡ ターゲット

1 海洋ごみや富栄養化などの陸上活動が原因となる海洋汚染を含め、あらゆる種類の海洋汚染を防止し、削減する。

2 海洋と沿岸の生態系を持続可能な形で管理・保護するため、重大な悪影響を取り除き、その強靭性（レジリエンス）を強化し、海洋を健全で生産的なものにするために海洋と沿岸の生態系を回復させる。

3 海洋酸性化の影響を最小限に抑える。

4 生物学的特性によって決まる持続可能なレベルまで水産資源を回復させるため、漁獲高の管理を効果的に行い、水産資源の取りすぎを止め、「違法・無報告・無規制」（IUU）の漁業や破壊的な漁業慣行を終わらせ、科学的に管理する。

5 沿岸域と海域の少なくとも10パーセントを保全する。

6 過剰な漁獲や「違法・無報告・無規制」（IUU）の漁業につながる補助金を撤廃する。

7 漁業、水産養殖、観光を持続可能な形で管理することにより、小島嶼開発途上国の海洋資源の持続的な利用による経済的便益を増加させる。

ⓐ 海洋の健全性を改善し、海洋生物多様性が小島嶼開発途上国の開発に寄与するように、科学的知識の増進、研究能力の向上、海洋技術の移転を行う。

ⓑ 小規模の沿岸漁業者が海洋資源と市場にアクセスできるようにする。

ⓒ 海洋と海洋資源の保全と持続可能な利用を強化する。

開発のためではない海洋保全

14番目のゴールである Conserve and sustainably use the oceans, seas and marine resources for sustainable development を厳密に訳すと、「持続可能な開発のために海洋・海と海洋資源を保全し、持続可能な形で利用する」となります。

しかし、これでは「開発のために海洋資源を保全する」とも受け取れますので、自然そのものの価値を認めた上で自然を保護するという本来の観点から外れてしまいます。そこでこの本ではあえて、for sustainable development を外した訳文をゴールとして掲げました。

すでにお話ししたように、もともとSDGsには、開発主義者と環境保護派の妥協の産物であるという背景があります。そこで合意された文章が、どちらともとれる曖昧なものになるのも仕方のないことかもしれませんが、このゴールの目的を「持続可能な開発」だと捉えるのは間違っています。

実は日本の農林水産省も、この目標について「海洋・沿岸生態系の保全と持続可能な利用を推進し、海洋汚染を予防するとともに、海洋資源の持続可能な利用によって小島嶼開発途上国とLDCs（後発開発途上国）の経済的利益を増大させようとするもの」と説明しており、海洋資源を「利用」することに力点が置かれているのは明らかです。これは「海の豊かさ」を人間の視点

からのみ眺めているにすぎず、自然そのものに価値を認め、それを保護するという視点ではない
ことに私たちは注意を払う必要があります。

☕ 深刻な海洋汚染をもたらすマイクロプラスチック

さて、ターゲット **1** が海洋汚染の原因として挙げている「海洋ごみ」の中でも、特にやっかい
なのは自然界で分解しないペットボトルやプラスチック製品です。ウミガメの鼻にストローが
入ったり、魚がプラスチックのレジ袋を誤って食べたりすることもあり、海洋汚染のみならず、
海の生態系にも大きな危機をもたらします。

プラスチックごみの犠牲になった動物の例が、2019年の4月にリゾート地として有名なタ
イのプーケット島の近くで保護された赤ちゃんジュゴンの「マリアム」です。人懐こい仕草で人
気者になっていたマリアムは、保護されてから約4カ月後の8月17日に死亡してしまいます。死
後解剖を行ったところ、約20㎝の大きさのものを含む、複数のプラスチック片が胃の中から見つ
かり、マリアムは血液の感染症と胃の中に膿がたまったことが原因で死亡したと考えられている
のです。

さらに深刻なのは、マイクロプラスチックと呼ばれる微小なプラスチックです。洗顔料や歯磨き粉などのスクラブ材として利用されているマイクロビーズはもともと微小なものですが、大きなプラスチック製品でも長期間紫外線や波の力にさらされることでボロボロになって小さな破片になります。結果的に5㎜以下のサイズになったものをマイクロプラスチックと呼んでいます。

たとえ直接海に捨てなかったとしても、雨で流され、最終的に海に流れ着き、最初は大きかったものが、海に漂っているうちにどんどん細かく砕かれ、やがてはマイクロプラスチックへと形を変えてしまうこともあります。

マイクロプラスチックが問題となる理由は、もともと有害性のある化学物質が残留しているものがあることと、プラスチック自体に有害物質を吸着する性質があるためです。それを魚などの生き物が食べるとホルモンに異常をきたして生殖が妨げられたり、障害が引き起こされたりします。さらに、マイクロプラスチックを体内に蓄積させた魚を人間が食べることで、人間の体にもなんらかの影響が及ぶ危険性を指摘する声もあります。

一旦海に流れ出てしまったプラスチックごみを回収することはほぼ不可能です。つまり、海に流れ出す前に抑える必要があるのです。プラスチックごみの多くは、大都市の近くを流れる主要な大河川から流れ出ていることはわかっており、河口でごみを回収するという方法が講じられていますが、それ以前の問題として、そもそもプラスチックごみを出さないということが必要であ

るとは言うまでもありません。

2020年7月1日からプラスチック製のレジ袋が義務づけられたのもプラスチックの過剰な使用を抑制するためですが、レジ袋はプラスチックごみのごく一部であり、それだけでこの問題が解決できるわけではありません。プラスチックの使用や廃棄は、可能な限り削減していかなければならないのです。

コーヒーに関することで言えば、提供者はレジ袋だけでなく、持ち帰り用のプラスチックカップを紙製のものなどへ切り替えること、消費者側はマイカップやマイボトルを持参することなどが、その重要なアクションになります。ストローを紙製に切り替える動きもあり、そもそもストローを使わなくても済むようなカップも開発されています。消費者の中には、マイストローを持参する人もいます。コーヒーを飲む際のアクションの一つ一つが、海の、ひいては地球や自分の"健康"を左右していることを、私たちはもっと真剣に考えるべきなのではないでしょうか。

過剰な栄養や二酸化炭素も海洋汚染の原因

富栄養化もまた、海洋汚染の原因となります。

富栄養化とは、海水の栄養が文字通り「豊か」になることであり、豊かな栄養はもちろん「海を豊かにする」ことにもつながります。森林で栄養分が作られ、それが海に流れ込めば、その養分で植物性プランクトンが増え、それを食べる動物性プランクトンが増え、さらにそれを食べる稚魚や小魚が増えれば、それを食べる大きな魚も増える――。漁師たちがせっせと山に木を植えるのも、このような食物連鎖が起こることを知っているからです。

ただし、過剰な富栄養化は、海の生物を逆に死滅させます。その典型が、夏になるとプランクトンが異常に増えて、海が真っ赤になる「赤潮」という現象です。赤潮は海洋環境を急変させ、プランクトンの中には毒性を持つものも存在するため、生物にも大きな被害を与えることがあります。

プランクトンが異常発生する原因は、農業で使われる肥料や、十分に処理されない生活排水の流出です。海ではありませんが、琵琶湖で1977年に発生した大規模な赤潮の原因のひとつは、リンを含む合成洗剤でした。そのため滋賀県では、合成洗剤の使用をやめ、天然油脂から作られる粉石けんを使おうという「石けん運動」が広がり、その後、1979年10月には工場・事業所に対して合成洗剤の使用禁止などを定めた「滋賀県琵琶湖の富栄養化の防止に関する条例」も制定されています。

海洋を汚染するのは、実は固体や液体だけではありません。

地球温暖化の原因となる二酸化炭素の一部が海水に溶け込むことでも汚染は起こります。それが、ターゲット**3**が示す「海洋酸性化」と呼ばれる現象です。

本来海水は一般的に弱アルカリ性を示していますが、二酸化炭素が多く溶け込むことにより酸性に傾き、結果的にアルカリ性が弱まります。それによって生物の殻や骨格になっている炭酸カルシウム生成の妨害をもたらすと考えられており、海洋生物の生育に影響を及ぼす危険性が懸念されているのです。つまり、二酸化炭素排出量を抑えることは、海の健全な環境を維持する上でも重要だと言えるでしょう。

☕ 改善に向かうコーヒー生産の排水処理問題

海の豊かさを守るためには、海に流れ込む川の水が健全でなければならないことは言うまでもありません。しかも、その川の水の健全さを守るのは、森林や山岳の健全さです。ここでは、一見海とは無関係に思えるコーヒー農園が海の豊かさに与える影響について考えることにしましょう。

農薬の使用に関する規定が曖昧だった頃は、劇薬とも言えるレベルの農薬を多用するコーヒー

農園がたくさんありました。また、汚水の処理についての規定もなかったため、コーヒーの水洗加工で排出される酸性の汚水や、コーヒーチェリーの果皮がそのまま河川にたれ流されてしまっていたのです。そのためコーヒー産業は山の自然を破壊するのみならず、河川の水質を変え、その影響は海にまで及んでいるという大きな批判の声があがっていました。1980年代に深刻化したジャマイカのブルーマウンテン山脈の自然破壊も、その元凶はコーヒー農園にあると結論づけられていたようです。

飛行機の窓からアフリカの海岸線を見ると、海岸と並行して防波堤のように細長く島ができている光景をよく目にするのですが、これは、雨や風により流された山間部の表土が徐々に海に押しやられ、河口の先に堆積したものです。その原因もまた、山間部で行われた無計画な森林伐採なのです。表土を失った山は植物が一切生えないハゲ山になってしまい、更に土壌流亡が激しくなるという悪循環に陥ります。ひとたび大雨が降れば、平野部に大きな被害をもたらす危険性もあります。

さらに堆積した土砂で中州ができた海岸では、海の生態系にも大きな影響を与えます。その土砂に化学肥料や農薬が残留している可能性が高いとなれば、事態はさらに深刻です。サイクロンなどで洪水が起きたあと、中州の存在のせいでなかなか水が引かなければ、沿岸部で生活している人々の生活を脅かすことにもなってしまうでしょう。

現在では、消費国での残留農薬の規則が厳しくなったこともあり、生産国でも減農薬の意識は非常に高くなってきています。また、害虫の生態を研究して罠を仕掛けたり（フェロモントラップ）、天敵を使った「バイオロジカル・コントロール（生物的防除）」や病気が発生しにくい環境作りなどによって、農薬の使用を必要最低限にする取り組みも進められています。その目的の一つは農薬のコストを下げることでもあるので、長年にわたる国際相場の低迷は、減農薬という意味では功を奏しているとも言えるでしょう。

また、多くの生産国で、精選工場に対する厳しい排水基準が設けられたので、汚水をたれ流している工場を見ることは少なくなりました。今ではたとえ小規模農家であっても、汚水処理の設備を設けているのが一般的になっています。

なお、排水基準の厳しいコスタリカでは、排水の浄化に時間と手間がかかるコーヒーのファーメンテーションは原則として禁止されており、節水方式のプロセスが一般的になっています。

15 陸の豊かさも
守ろう

コーヒーで守る陸の豊かさ

Life On Land

陸域生態系を保護するとともに持続可能な利用を推進し、森林を持続可能
な形で管理し、砂漠化と戦い、土地の劣化と生物多様性の損失を阻止する。

→→→ ターゲット

1 森林、湿地、山地、乾燥地などの陸域生態系と内陸淡水生態系を保全・
回復し、持続可能な形で利用する。

2 すべての森林を持続可能な形で管理し、森林伐採を抑制し、植林を行
い、森林の再生を図る。

3 砂漠化と戦い、砂漠化・干ばつ・洪水の影響を受けた土地を回復する。

4 山地生態系の生物多様性を保全する。

5 自然の生息環境が悪化するのを抑え、生物多様性の損失を阻止し、絶
滅危惧種を保護し、絶滅を防ぐ。

6 遺伝資源の利用から生まれる利益を公正で公平な形で共有し、遺伝資源
への適切なアクセスを推進する。

7 保護すべき動植物の密猟と違法取引を撲滅し、違法な野生生物商品の売
買を取り締まる。

8 外来種の侵入を防止して陸と水域生態系への影響を抑え、必要な場合に
は駆除・根絶する。

9 国や地方の計画策定、開発プロセス、貧困削減対策において生態系と生
物多様性の重要性に配慮する。

ⓐ 生物多様性と生態系を保全し、持続可能な形で利用するために資金を
動員する。

ⓑ 開発途上国が森林を保全し再植林を進め、持続可能な森林管理を進め
られるように資金を動員する。

ⓒ 保護動植物の密猟と違法な取引を取り締まる努力を支援し、そのために
地域コミュニティが持続可能な生計を維持できるように能力向上を図る。

地球サミットで注目された「生物多様性」の概念

「生物多様性」という概念が注目されるようになったのは、1992年にブラジルのリオデジャネイロで開催された「地球サミット」（国連環境開発会議）において、「生物の多様性に関する条約」が採択されたことがきっかけでした。「生物多様性」とは、ひと言で言うと「生きものたちの豊かな個性とつながりのこと」（環境省自然環境局生物多様性センターのウェブサイト）です。

実は野生動物の保護に関してはその20年前から世界の大きな関心事になっており、1971年には湿地の生態系保全を目的とした「ラムサール条約」が、また1972年の「国連人間環境会議」での議論を経て、1973年には野生動物を保護する「ワシントン条約」が結ばれています。

これらは特定の生態系や生物種を取り扱っていましたが、「生物の多様性に関する条約」は、地球上に生まれた3,000万種とも言われる多様な生きものすべてが対象です。その上で、「生態系の多様性・種の多様性・遺伝子の多様性という3つのレベルで多様性がある」としています。

この生物多様性が損失される原因としては、環境破壊によって生物が生きる環境が破壊されていることのみならず、外来生物によって在来種が失われていることや、気候変動によって生物が生息できる環境が失われていることが挙げられます。

ターゲット**5**が掲げるように、絶滅危惧種の保護と絶滅防止も、「生物多様性の損失を阻止」

するためには必要です。ちなみに絶滅危惧種をまとめたレッドリストは、国際的には国際自然保護連合（IUCN）が作成し、国内的には環境省や地方自治体やNGOなどによって作成されています。

環境省が2020年に公表したレッドリスト2020によると、国内の絶滅危惧種は合計3716種にものぼっています。野生生物を違法に捕獲したり、食する密猟は、絶滅危惧種保護のみならず衛生・感染症管理上の観点からも重大な脅威とされています。

生態系や生物多様性の重要性に配慮した開発などを求める❶、❷、❸の補則は、開発途上国の事情を念頭に置いたものです。開発途上国の場合、生態系や生物多様性の維持に重きを置くことで、生活の質の向上が犠牲になったり、場合によっては生活の手段が失われてしまう危険があるのです。ここでは、コーヒー生産をからめ、そのような現実とそれを打破するための取り組みについて、お話しすることにしましょう。

☕ コーヒー生産と生物多様性

伝統的なコーヒー栽培は、森の多様な樹木が織りなす林冠部の下、木漏れ日を利用しながら行

われていました。特にエチオピアの森で生まれたアラビカ種は、高地で昼夜の温度差の激しい生育気候を好むため、日陰樹を利用した生育方法であるシェイドグロウン（日陰栽培）が適しています。日陰率の割合は、個々のコーヒー畑の自然環境や生育されるコーヒーの樹種によって異なりますが、メキシコでの研究では日陰率35％〜65％の間でもっともコーヒーの生産性が上がったことが報告されています。

シェイドグロウンの場合、日陰樹からの落葉が、マルチングとして地面を覆うので土壌の保湿力が高まり、適切に管理することができれば、肥料を減らすことも可能です。また直射日光が地面に当たりにくいので、化学肥料を使ったとしても揮発して大気を汚染することを抑えてくれます。

高木の日陰樹は、根を深く張るので土壌流亡を軽減します。また、背の高くならない植物を植えれば土の表面が晒されないため、いわゆるグランドカバーとして表土を守ってくれます。さらに直射日光が地面に当たらず雑草が生えにくくなるため、除草作業も必要ありません。当然除草剤も不要なので、除草剤が雨で流れて河川を汚染することもなくなります。

シェイドグロウンのコーヒーは、結果的に、鳥類、昆虫類、コウモリを含む様々な哺乳類の保全に貢献することにつながります。その中には多数の絶滅危惧種も含まれます。メキシコの自然保護区周辺では、伝統的なシェイドグロウンを続ける小規模農

家が多く、それらの農園周辺では原生林とほぼ変わらない鳥類や昆虫類の豊かさが確認されています。

生物の多様性が逆に、コーヒー栽培にもたらす恩恵もあります。蜂や蝶などの昆虫類は、コーヒー樹の花だけでなく、時に日陰樹として採用される果樹やマカデミアナッツ等の花の蜜を吸い、受粉媒介の役目を果たします。また、餌を探してやってくるたくさんの鳥やコウモリは、コーヒー樹にとって害虫となる昆虫を捕食してくれます。

ジャマイカのブルーマウンテンコーヒー農園で行われた研究では、コーヒー生産の天敵とも言われる「コーヒーベリーボアラー」という害虫を食べている可能性が高い鳥が17種確認されました。それらの鳥が自由に訪れることができる区画は、鳥が入れないように網で囲った区画と比べ、1ヘクタール当たり1〜14％ほどコーヒーベリーボアラーの被害が減ることもわかりました。それらの価値を経済的価値に換算すると、年間$44〜$105／ヘクタールに相当すると報告されています。またコスタリカの同様の研究では、コーヒー農園を訪れる鳥によってコーヒーベリーボアラーによる被害が年間$75〜$310／ヘクタール減ることが報告されています。

つまり、伝統的なシェイドグロウンを継続するコーヒー農園を守ることは、生物多様性を保全しながら、地元の人々の生計を支える経済活動を両立させるための貴重な手段だと言えるのです。

質より量の風潮で加速した
サングロウンへの転換

ところが突然変異で日陰が必要ない矮性の栽培種が生まれたことで、日陰樹をすべて切り払い、太陽光を存分に利用する生育方法であるサングロウン（日向栽培）への転換が始まりました。

特にその傾向に拍車が掛かったのは、1970年以降にサビ病（P150）が中南米に伝播してからです。その対策として、前出の矮性種とサビ病に耐性のある突然変異種を人工交配させた栽培種が生み出され、シェイドグロウンの畑は次々とサングロウンの畑へと姿を変えていきました。当時の交配種はまだ品質の安定性では劣っていたものの、サ

センターピボット灌漑設備を持つブラジルのサングロウンの畑。円形に作られた畑を、自走して灌漑して行く。コーヒー樹も円形で植えられているので、自走式収穫機が使える

ビ病に対する脅威と「質より量」が重視されたこともそれを後押ししました。日陰樹を植えるスペースが不要な上、矮性種であるために栽植密度が高く、しかも、日陰樹を伐採した分大きく広がった畑では機械での収穫も可能になります。サビ病への対策コストもかからず、人件費も低く抑えられ、しかも生産性も高いとなれば、目先の利益を求める農家がそれに飛びついたのは当たり前のことだったかもしれません。

その結果、シェイドグロウンからサングロウンへの転換が急激に進み、中南米全体では、伝統的なシェイドグロウンを採用していた農家のおよそ半数が、1970〜1990年の間に日陰樹を大幅に減少させたと報告されています。

低地で気温の高い生育環境を好むため、そもそも日陰を必要としないロブスタ種の単一栽培畑がアジア地域を中心に広がったことも相まって、2010年に世界19カ国を対象とした調査では、コーヒー生産面積のうち伝統的なシェイドグロウンでコーヒーを育てているのは24％に留まり、35％が部分的なシェイドグロウン、41％がサングロウンであるという結果が報告されています。

生産性という意味では非常にメリットが大きいサングロウンですが、そこには森林伐採という負の側面があります。森林伐採それ自体が生態系や生物多様性に及ぼす深刻な影響は計り知れず、さらにはシェイドグロウンのような「生物の多様性による恩恵」を受けられなくなるため、大量の化学肥料や農薬が必要にもなります。

また、シェイドグロウンで日陰樹として採用されている多くの高木は、コーヒー樹とともに二酸化炭素を蓄えます。気候変動の主な原因となっている二酸化炭素の排出量を減らすことは喫緊の課題になっています。しかし、シェイドグロウンからサングロウンへの転換が進んだり、あるいは国際相場の暴落が原因でシェイドグロウンのコーヒー農園自体が閉鎖されて放牧地等に転換されたりすれば、それまで樹木が蓄えていた二酸化炭素は大気中に放出されることになってしまいます。

コロンビアの農園にて

シェイドグロウンのコーヒー農園を維持することは、生物多様性の保全だけでなく、コーヒー農園で働く人々やその周辺で暮らす人々の生活を守るため、さらには気候変動の影響を軽減するためにもとても重要なことです。

それに成功している農園の一つが、コロンビア南部、カウカ県ポパヤン郊外にあります。

ベジャビスタ農園という名のその農園を歩くと、無数の鳥のさえずりと虫の声に包まれます。

コツコツコツ、と珍しい音がして見上げれば、キツツキが高木の上をつついています。そんな

様々な「自然が奏でる音」は、労働者がコーヒーの実を収穫し、さざめく葉の音や楽しげな会話と、まるで調和しているかのようです。

農園には現地固有の高木樹からやや背の低いフルーツの樹まで、様々な樹種がコーヒーの木と共に「日陰樹」として植えられ、太陽の木漏れ日は日陰樹の樹冠部からやさしくコーヒーの木に降り注いでいます。農園の敷地内には、コーヒー農園とは別の区画に手つかずの広大な原生林が保全されており、原生林の中を下りていくと、きれいな湧き水が地面を潤しています。ベジャビスタ農園では、生物多様性の保全に力を入れており、農園の食堂の壁には鳥類や蝶類のポスターが貼り巡らされています。農園の生物多様性の豊かさは地元のカウカ大学の目にも留まり、共同研究の対象農園として選ばれるほどです。調査の結果、131種の鳥類が確認され、そのうち、11種は渡り鳥を含む在外種が農園を訪れていることがわかりました。また、223種もの蝶類のうち、66種が現地固有種です。この農園では、労働者自らが生物多様性の調査に参加し、40種の樹種を確認しています。

それはなぜ実現できたのでしょうか。

2000年、イヴァンとアルマ・レポジェード夫妻は前農園主からベジャビスタ農園を引き継ぎました。自然と共生するコーヒー農園を持つことが夢だった夫妻は、農園を自分たちの理想に近づけるためにはどうすれば良いのかを常に考える、大変勉強熱心な人たちでした。

農園の食堂の壁に貼られた生物種のポスター

ベジャビスタ農園の農園主が掲げた標語とレインフォレスト・アライアンス認証。「ベジャビスタ農園のコーヒーは、社会的、経済的、環境的に持続可能な方法で生産されていることを保証します」と書かれている

日陰栽培をするベジャビスタ農園

いろいろと調べていくうちに、レインフォレスト・アライアンス認証が取り入れられている農園管理の基準が、自分たちが思い描く農園の姿に大変近いことに気づきました。

そして、レインフォレスト・アライアンスの仕組みを学び、少しずつ取り入れていったのです。

実は、ベジャビスタ農園はその地形の特性から、サングロウンの区画がほとんどでした。この地域は元々雲がかかりやすく、自然に日陰がかかったような農園環境になりやすいためです。

夫妻は、元々あった原生林にはまったく手をつけず、柵を作って農園内の保護区域に指定しました。そして区画ごとの地形や日当たりを考慮し、日当たりの良い区画に少しずつ日陰樹を増やしました。農園内に狩猟禁止や野生動物保護のサインを貼り、農園で働く人たちにも生物多様性を守ることが自分たちの将来を豊かにすると、環境教育を実施したのです。

このように、農園一体となって森や生物を守りながら美味しいコーヒーを作ることに成功したベジャビスタ農園は、その後レインフォレスト・アライアンスの認証を獲得し、自然と共生しながら見事に農園を発展させることができました。

その後、2011年にイヴァンが心臓発作で急逝し、アルマは女性農園主になりました。しばらくは深い悲しみに暮れていたアルマですが、1年後には見事に立ち直り、農園はますます自然豊かに美しく整備されています。

そんなアルマに、農園で積極的に生物多様性保全に取り組む理由を尋ねてみたところ、興味深

い答えが返ってきました。

「生物多様性を守ることは、結局、私たちの農園や生活を守ることなのです。2012年と2014年に、コロンビアのこの地域では珍しく、雹が降りました。特に、2014年の雹は、コーヒーの花が開いてすぐに降ったので、花が地面に落ちてしまい、その年の収穫率は通常の45%減まで落ち込んでしまったのです。でも、農園内で特に日陰樹に厚く守られている区画は、雹の被害が少なかったのです。自然の恵みが、自然災害からコーヒーを守ってくれた。それ以降、私の農園では天然更新で、日陰樹を増やし続けています」

このように生物多様性は、自然災害から人間を守る防災の役割も果たしているのです。

🫘 生物多様性の保全に取り組む認証団体

このように、コーヒー生産と生物多様性の保全は密接に関係しています。

特に都会に住む人は、生物多様性の保全と言ってもあまりピンとこないかもしれませんが、私たち日本の消費者もコーヒーを通じて、生物多様性の保全に貢献できます。

日本で流通するほとんどの認証団体のコーヒーには、生物多様性の保全に関連する項目が認証

基準に含まれているのをご存知でしょうか。

中でも、スミソニアン®協会が渡り鳥の研究のために設立したスミソニアン®渡り鳥センター（SMBC）のバードフレンドリー®プログラムの基準は、生物多様性の保全に関する基準が非常に厳しいことで知られています。

有機農法に加え、最低11種類の日陰樹の採用や樹冠率40％以上が義務付けられるほか、日陰樹の高さにも基準が設定されています。具体的には日陰樹の20％が15メートル以上の高木、60％が12メートル以上の中木、20％が小木であることが必要で、この日陰樹の割合を満たしたコーヒー農園は、ある地点から観察すると、まるで原生林のように見えます。

ベジャビスタ農園が取得したレインフォレスト・アライアンス認証も、シェイドグロウンを奨励し、生物多様性の保全と社会環境への配慮に力を入れています。

なお、特に認証は獲得しなくても、様々な方法で自然を大切にする農園が世界各地にあります。

そんな農園のコーヒーには、現地特有の様々な生物多様性の保全を背景にしたストーリーが隠されています。それぞれの産地のストーリーに注意を払い、生物多様性を守りながら生産されているコーヒーを選べば、生産地からはるか遠くで楽しむコーヒータイムも、より大切な意味合いを持つようになるのではないでしょうか。

生物多様性ホットスポットと世界の主要コーヒー生産地

　国際NGOであるコンサベーション・インターナショナルは、地球規模での生物多様性保全の戦略に「生物多様性ホットスポット」というコンセプトを採用しています。「生物多様性ホットスポット」とは、生物多様性が特に豊かであることが認められていながら、原生の生態系の70％以上が既に失われてしまっている場所のことです。生物多様性ホットスポット内に残された原生の自然生態系は、地球の陸地面積のわずか2・4％を占めるにすぎませんが、地球上の植物の50％、両生類の60％、爬虫類の40％、鳥類・哺乳類の30％が生息しています。つまり、生物多様性ホットスポットを保全することは、地球上の生物多様性の保全に大変効果的な戦略なのです。

　2017年の時点で地球上36カ所が選定されている生物多様性ホットスポットは、左の地図の黄色と赤で示されている地域で、実は世界の主要コーヒー生産地とほとんど重なっています。コーヒー生産者は、世界中におよそ2,500万世帯と言われています。生物多様性ホットスポットにある一つの農園やコーヒー生産地域での小さな努力に思える取り組みが、実は地球規模の生物多様性の保全にも大変効果的なのです。

生物多様性ホットスポットと世界の主要コーヒー生産地

ⓒコンサベーション・インターナショナル（CI）

16 平和と公正を
すべての人に

コーヒーで平和と公正を

Peace,Justice
And Strong Institutions

➡➡➡ ゴール

持続可能な開発のために平和で包摂的な社会を推進し、すべての人が司法にアクセスできるようにし、効果的で責任ある包摂的な制度を構築する。

➡➡➡ ターゲット

1. すべての形態の暴力と、暴力に伴う死亡を減らす。
2. 子どもへの虐待、搾取、人身売買※1、あらゆる形態の暴力と拷問を撲滅する。
3. 国内および国際的なレベルで法による支配を推進し、すべての人が平等に司法にアクセスできるようにする。
4. 違法な資金や武器の取引を減らし、盗まれた財産の回復と返還を強化し、あらゆる形態の組織犯罪を根絶する。
5. あらゆる形態の汚職や賄賂を減らす。
6. あらゆるレベルで、効果的で責任と透明性のある組織（institutions）を発展させる。
7. あらゆるレベルにおいて、人々の声に耳を傾け、包摂的で、参加型で、人々の声を反映した意思決定を行う。
8. グローバル・ガバナンス機関※2への開発途上国の参加を推進する。
9. すべての人に出生登録を含む法的な身分証明を提供する。
10. 情報公開を確保し、基本的自由を保障する。
a. 暴力、テロリズム、犯罪を防ぐために関係機関を強化する。
b. 持続可能な開発のために非差別的な法規と政策を推進する。

※1 原文のtraffickingは「取引」と訳すケースも多いが、それでは正当な印象を与えるため、ここではあえて人身売買とした。
※2 国連のような国際機関など、グローバルな統治を行う機関のことである。

ルワンダの残酷な歴史

事故や疾病は不可抗力であるケースも多々ありますが、「暴力や、暴力に伴う死亡」は、人間が作為的に起こすものです。つまり、理論上はすべてをなくすことも不可能ではありません。

しかし、ここでのターゲット **1** は「すべての形態の暴力と、暴力に伴う死亡をなくす」ではなく、それらを「大幅に減らす（significantly reduce）」というやや歯切れの悪い表現に留まっています。それはまさに、この問題の根深さや深刻さを物語っているのです。日本のような比較的安全とされる国においてさえ、様々な形の暴力に苦しめられる人は後を絶ちません。

海外に目を向けると、民族や国家間の対立に端を発する暴力が常態化されている国は数多くありますし、中には国家権力による暴力がまかり通っている国もあります。このような国に住む人々は平和とは程遠い日常を強いられることになります。また、経済的な困窮がきっかけとなり、平和が奪われてしまうケースもあります。

コーヒー産業がその経済状況を左右することが多いコーヒー生産国では、世界的なコーヒー価格の下落も、人々の平和な暮らしを脅かす重要なファクターとなり得るのです。

アフリカの中央に位置するルワンダ共和国は人口1、230万人、面積2万6、300平方キロ

メートルで、日本の14分の1ほどの小さな国です。

もともとは「ルワンダ王国」だったこの国の民族構成は、フツ族が8割以上を占め、残りのほとんどをツチ族が占めています。少数派のツチ族が多数派のフツ族に対して優位にあった期間が長く、そのような歴史的背景から時に対立することもありましたが、明確な分断はなされてはいませんでした。ドイツの保護領となった1890年以降も、両民族の関係は同様に保たれていたと言われています。

ところが、第一次世界大戦後、ルアンダ゠ウルンディとしてベルギーの植民地になったことで、その状況に変化が起こります。植民地政府は少数派であるツチ族を優遇して植民地統治に利用し、多数派のフツ族を支配される側に明確に位置付けたのです。それによって2つの民族の間には、かつてないほどの深い対立が生まれることになりました。

ルワンダは1962年にベルギーから独立を果たしますが、ベルギーはそれまでのツチ族優遇から一転してフツ族を支援し、初代大統領にフツ族のカイバンダ政権が誕生しました。そしてこの際多くのツチ族が国を追われ、難民となり近隣の国にとどまることになりました。

その後もツチ族は排除され続けますが、経済は順調に回復し、1980年代末にはアフリカの模範生と見なされるほどに発展していました。この経済成長にはコーヒー産業も少なからず貢献していました。

しかし、1987年にコーヒー価格が暴落すると順調な経済発展に陰りが見え始めました。

そんな中、隣国のウガンダに逃れたツチ族の難民たちが中心となり、反政府武装組織「ルワンダ愛国戦線」（RPF）が結成されます。そして1990年にはウガンダ大統領の支援を受け、祖国に侵攻し、ルワンダ紛争を勃発させたのです。

国際社会による仲介が不調に終わる中、1994年4月6日には当時の大統領だったジュベナール・ハビャリマナが暗殺されます。RPFの仕業であると確信した政権の急進派たちは、RPFを支持するツチ族に対する怒りを爆発させ、ツチ族の大量虐殺へと向かってしまいました。

この虐殺は、RPFがフツ過激派を武力で打倒したことで終わりを迎えますが、約3カ月の間に、多数のツチ族とフツ族の人々が殺害されました。この「ルワンダ虐殺」によって全人口の10〜20％に当たる50〜100万人にのぼる人々の命が奪われたと推定されています。

「ルワンダ虐殺」後、対立を煽る民族の呼称は公式に廃止されました。1994年7月に樹立された新政権で副大統領を務め、その後2000年には大統領に就任したカガメは、現在も大統領として国民から圧倒的な支持を得ています。

「涙のコーヒー」

近年、そのような歴史をもつルワンダのコーヒー栽培の歴史は、1903年キリスト教ドイツ人宣教師が、グアテマラから持ち込んだアラビカ種ティピカの種を、ブルンジ国境のミビリジ村の修道院の庭に植えたのが始まりだったと言われています。

当時のキリスト教の布教活動の手法では、その地にない農産物を教会周辺で栽培することで人々に関心を持たせ、信者を増やしていきました。ですから中南米、アフリカにコーヒー栽培が広まったのは、キリスト教が大きく関わっています。

幸いミビリジ村の自然環境が、この種の生育に適合したようで品質の高いコーヒーが産出されるようになりました。

当時の宗主国ドイツもコーヒー栽培を推奨し、生産性向上のためのサポートもしていたため、全国的に広まり多くのルワンダ人がコーヒー栽培に携わるようになりました。そしてコーヒーは、ルワンダの主要な輸出品へと成長していったのです。

ちなみにこのティピカが、なぜ異なる種名を冠したブルボン・ミビリジと呼ばれるようになったかは不明です。あくまでも推測の域を出ませんが、以前はコーヒーの品種の分類が確立されて

いなかったため、誤った名前が付けられたのではないでしょうか。

第一次世界大戦後、ルワンダを植民地支配するようになったベルギー当局は、農奴的なコーヒー栽培を彼らに強要するようになりました。そのせいでルワンダの人々にとってコーヒーは、「生きるために仕方なく」栽培するものでしかなくなってしまい、いつの間にか品質は二の次にされてしまうようになったのです。

ベルギーからの独立後もその状況が変わることはなく、コーヒーの品質向上へのモチベーションは相変わらず低いままでした。そこに追い討ちをかけたのが、1989年以降のコーヒー価格の暴落で、これによる国の経済状況の悪化も「ルワンダ虐殺」の遠因になったとも言われています。

ところが2003年以降、そんなルワンダコーヒーに追い風が吹きます。世界的なスペシャルティコーヒーブームに加え、「ルワンダ虐殺」という歴史的な悲劇によって皮肉にもルワンダという名前が世界に知られるようになり、「涙のコーヒー」として多くの人に飲まれるようになったのです。

ただし、いつまでも「涙」という付加価値だけに頼っていては、厳しいコーヒー市場での競争に勝つことはできません。その輸出量が農産物総輸出額の14・8％、全体の輸出額でも6・9％（ルワンダ政府の国家農業輸出局／NAEBの2019年次報告）と重要な位置を占めているコーヒー産業のあり方は、そのまま国の経済基盤の行方を占うものなので、その改革はルワンダにとっ

て大きな課題でもありました。

そこで、安定して売れるコーヒー産業にするために生まれた試みの一つが2017年にスタートした国際協力機構（JICA）の「ルワンダ・コーヒープロジェクト」（正式名称「ルワンダ・コーヒーバリューチェーン強化プロジェクト」）です。

☕ ルワンダ・コーヒープロジェクトでの技術指導

ルワンダ産コーヒーの市場での競争力を高め、生産者である農家の収入向上と貧困削減を実現し、それを平和構築にもつなげようという「ルワンダ・コーヒープロジェクト」には、2つの大きな柱が掲げられています。

その一つが、「コーヒー栽培・加工技術を改善させ、単位生産性向上と安定した品質を目指す」というものでした。

人口の8割が農業に従事しているルワンダでは、そのうちの約2割がコーヒー栽培に携わっています。その大部分が小規模農家により行われていることもあって、技術的・品質的に改良の余地が多く残っていました。そこで、ルワンダ西部のコテムカマ農協とコパカキ農協の精選工場と

コパカキ農協の天日乾燥場での指導。ルワンダでは、どこの工場でも乾燥用のアフリカン・ベッドの支柱と梁の数が十分でなく、コーヒーのパーチメントを台に乗せると真ん中が弛んでしまい、均一に乾燥できない。そこで、簡単にできる補強工事を指導。乾燥時間が短縮し品質も向上した

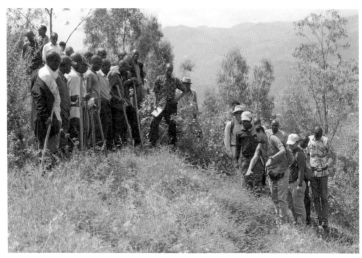

土壌流出を防ぎながら、斜面を有効活用するコーヒーの圃場整備を指導

組合員の生産者を対象に、JICAから依頼を受けた筆者の川島が包括的なプログラムを作り、栽培から精選加工に至るまでの技術指導を行うことになったのです。

プロジェクトがスタートするまでは、現地ではほぼすべての工程において、驚くような慣習がまかり通っていました。「生きるために仕方なく」コーヒーに関わっている彼らのモチベーションがそのままそこに表れているのは明らかであり、とにかく何もかも根本から打ち破る必要があったのです。

そもそもまともな苗床さえなかったので、先ずは苗作りの指導から始めました。またルワンダの西部地区は急斜面の畑が多いので、簡単に作れて土壌流出を防ぐこともできる「テラス造成法」を採用するための技術指導も行いました。

また、コーヒー樹の剪定法の指導も行いました。国が誤った剪定方法を指導し、なおかつそれも徹底されていなかったのです。

さらに彼らには肥料を与える習慣はなく、収穫時には果実の熟度に関係なく豆を収穫していました。そこで施肥の重要性についての理解を深めてもらった上で、それぞれの畑に合った施肥プログラムが提案され、収穫時には「完熟豆だけを摘む」ことの指導も行いました。

収穫後の豆の扱いも当初はかなり酷いものでした。工場で日々の掃除も行われず、メンテナンスもされていない状態で、豆に傷が付いたりきれいに果皮が取れていなかったりしたのもそのせいだったのです。加工前のコーヒーチェリーの選別も行われていなかったため、売り物にならない

粗悪な品質の豆まで一緒に加工するという無駄も生まれていました。それらを改善するため、加工機械のメンテナンスやクリーニング、加工前のコーヒーチェリーの選別も徹底的に指導しました。

また、コーヒー豆の乾燥の過程でも、そもそものメカニズムが理解されておらず、一般的に8日〜10日で済むはずの工程に20日以上を要していました。そのせいで通常なら5人程度で作業できるボリュームに、なんと200人以上が携わっていたのです。しかも、それだけ時間と人員を割いているにもかかわらず、乾燥台に構造上の問題があり、乾燥にムラが生じていました。そこで乾燥台を改良した上で、効率的な乾燥方法の指導も行いました。

このプロジェクトには青年海外協力隊も参加しており、彼らはルワンダの人々にコーヒー飲用の習慣を根付かせる活動も行っていました。他の多くのコーヒー産地同様に、コーヒー農家の人たち自身にコーヒーを飲む習慣がないこともまた、彼らがコーヒー栽培に前向きになれない理由になっていたからです。

そうやってコーヒー栽培と加工の基礎を一から学び直し、コーヒー飲用の文化が少しずつ広がっていく中で、彼らのコーヒー栽培に対するモチベーションは徐々に高まっていきました。プロジェクト開始から3年目には、2つの農協から代表者3名ずつを連れてコーヒー先進国であるコロンビアを訪問しましたが、これには大きな成果がありました。それまで指導されてきたことが、コロンビアの小規模農家で実践されているのを目の当たりにしたためです。畑のコーヒー樹

は、見たことがないほど果実をたわわに付け、またそんな少人数ではできるわけがないと思い込んでいた作業が、非常に効率的に行われている。彼らには、驚きの連続でした。撮影してきた写真や動画を、農協職員や組合員に見せ、率先して新しい技術を広め始めました。

帰国後の彼らのプロジェクトに対する姿勢は、大きく変わりました。撮影してきた写真や動画を、農協職員や組合員に見せ、率先して新しい技術を広め始めました。

● ルワンダ特産コーヒーの復活

「ルワンダ・コーヒープロジェクト」のもう一つの目的は、「純正のブルボン・ミビリジを復活させ、ルワンダの特産銘柄として付加価値の付いたコーヒー販売を目指す」ことです。

ルワンダのコーヒー生産を管轄している、国家農業輸出局（NAEB）は、コーヒー生産者にブルボン・ミビリジの栽培をさせず、サビ病に耐性があり多収量の人工交配種を推奨していました。

ルワンダは、内陸国という地理的なハンディがあります。通常ルワンダコーヒーは、ケニアのモンバサ港かタンザニアのダル・エス・サラーム港から輸出されますが、どちらもルワンダの首都キガリから1、400キロ以上離れています。つまり他の生産国よりも陸送のコストがかかり、価格面での競争力が失われますし、既にそれがルワンダコーヒーのネックにもなっています。

どこの国でも植えているような人工交配種を栽培しても、ルワンダコーヒーの優位性はありません。実は川島は、エル・サルバドルの研究所の栽培種の試験区で、ブルボン・ミビリジを見てその存在を知っていました。しかしまさかそれが、ルワンダのミビリジ村から来ているとは知らなかったのです。ルワンダの地名が付いた在来種「ブルボン・ミビリジ」を植えれば、付加価値が生まれ、競争力も高くなると考えた川島はこの栽培種の復活をNAEBに勧めました。

当初はまったく耳を傾けてはくれませんでしたが、その後幸いなことにRAB（ルワンダ農業局）の試験区に、6タイプのブルボン・ミビリジが植えられているのが確認でき、このプロジェクトへの協力を取り付けたことでようやく道が開けました。

2019年の夏には6タイプから収穫したコーヒーの品質官能試験を行い、品質の良い3タイプを選抜しました。ただ実生で苗を増やすには、試験区のコーヒー樹の数が少なすぎ種子に限りがあるので、選抜種の葉から組織培養でクローンを作ることにしました。また、RABに組織培養の設備があるのは良い追い風になりました。

2020年から組織培養での苗作りを開始し、並行して2農協への技術指導を続ける予定でしたが、新型コロナウイルスの影響で大幅にプロジェクトは遅れてしまいました。ブルボン・ミビリジが、ルワンダの特産品として市場に出るまでにはまだ時間はかかりますが、この取り組みは「涙のコーヒー」からの脱却につながるでしょう。

コーヒーで平和と公正を

17 パートナーシップで
目標を達成しよう

コーヒーのパートナーシップ
Partnerships For The Goals

➡➡➡ ゴール

持続可能な開発に向けて実施手段を強化し、グローバル・パートナーシップを活性化する。

➡➡➡ ターゲット

1 税やその他の歳入を増やすため、国内の収入源を動員する。

2 先進国は、開発途上国に対するODA（政府開発援助）をGNI（国民総所得）の0.7％に、後発開発途上国に対するODAをGNIの0.15〜0.20％に引き上げる。

3 多様な財源から開発途上国のための資金を追加的に調達する。

4 債務に苦しむ開発途上国を支援し、長期的な債務を持続可能なものにする。

5 後発開発途上国への投資を促進する。

6 開発途上国が科学・技術・イノベーション（"science, technology and innovation"／STI）にアクセスにできるように協力する。

7 開発途上国に対して、環境にやさしい技術の開発や普及に協力する。

8 後発開発途上国のための「技術バンク」や「科学・技術・イノベーション（STI）能力構築メカニズム」を運用できるようにし、情報通信技術（ICT）などの技術の利用を促進する。

9 開発途上国に対して効果的で目的に沿った能力構築を支援する。

10 WTO（世界貿易機関）の下で、普遍的で、ルールに基づいた、差別的でない、公平な多角的貿易体制を構築する。

11 開発途上国の輸出を増加させる。

12 後発開発途上国からの輸入に対して、税と割り当て（クオータ）のない市場アクセスを促進する。

13 政策面での協調と整合性を図り、グローバルなマクロ経済の安定を目指す。

14 持続可能な開発のための政策の整合性を図る。

15 貧困撲滅と「持続可能な開発」のための政策の策定と実施にあたっては、各国の政策とリーダーシップを尊重する。

16 SDGsを達成するために「持続可能な開発のためのグローバル・パートナーシップ」を強化し、知識・専門的知見・技術・資金を動員・共有するマルチステークホルダー・パートナーシップによって補完する。

17 それぞれのパートナーシップの経験や資金戦略に基づき、効果的な公的、官民、市民社会のパートナーシップを推進する。

18 所得・性別・年齢・人種・民族・居住資格（移民など）・障がい・地理的位置・各国の事情に応じたその他の特性に関して、質が高く、信頼性のあるデータをタイムリーに利用できるようにする。

19 「持続可能な開発」の進捗状況を測る新たな尺度を開発し、開発途上国における統計収集能力の構築を支援する。

互いの現状を知らない生産者と消費者

SDGsの達成に向けては、「グローバル・パートナーシップ」すなわち、国境を超えた協力・連携を欠かすことはできません。

コーヒーは、国境を超えたステークホルダー（直接・間接的な利害関係）が存在するグローバルな商品でありながら、生産地が開発途上国にほぼ限られる一方、消費者は主に先進国に住んでいるという特殊な事情があります。そのため先進国の消費者は、コーヒーがどのように栽培され、収穫されているかを知る機会はほとんどなく、一方、開発途上国のコーヒー生産者はとにかく値段が上がることばかりに注目し、先進国の消費者がどのようなコーヒーを好むかにはほとんど関心がありません。その現状を変えるためにも、生産者と消費者が互いについてもっとよく知り合う必要があります。

かつては開発途上国でコーヒー生産に従事する人たちの貧困問題が先進国の消費者に伝えられることはほとんどありませんでしたが、近年では前述のような認証プログラムの広がりもあって、関心や問題意識を持ち始めている消費者は徐々に増え始めています。

一方で、開発途上国の生産者たちの中には、先進国の消費者がどんなコーヒーを求めているかについての関心は決して高まってはいません。つまり、生産者→消費者という方向のつながりは、

まだまだ不十分だと言わざるを得ないのです。

コーヒーの生産者たち自身にコーヒーを飲む習慣がないことは、彼らがその品質にあまり関心を持たない理由の一つであることには間違いありません。しかし、実はそれ以上に影響しているのが、彼らが生産したコーヒーを買い上げる側の姿勢です。

例えば日本国内などでは、農作物の品質と買取価格は一般的に比例します。つまり、生産者にとって、「品質の良いものを作れば、通常より高く買ってもらえる」ということが、「品質に気を配る」モチベーションになり得るわけです。

ところが、先進国と開発途上国間で取引きされることが多いコーヒーの場合、いくら品質の良いコーヒー豆であっても、仲買人は高く買ってくれるとは限りません。

そもそも仲買人によって買い取られたコーヒー豆が品質によって分けて保管されることは滅多にありません。たとえひとりの生産者がいいものを作ったとしても、ほかのコーヒー豆とすぐにいっしょくたにされてしまうため、いいものを作ろうというインセンティブがまったく働かないのです。

こういう状況では、生産者は品質を気にするより、たくさん作ることに専念するのも当然だと言えるでしょう。

1990年代初めにはコーヒーをほとんど輸出していなかったベトナムが、2000年には世

17
コーヒーのパートナーシップ

界第2位のコーヒー輸出国になれたのは、なぜだと思いますか？

それは、「とにかく低価格になるよう、（品質は無視して）大量に作る」という目標に向けて、その真面目さと能力の高さを発揮したからです。そして、その目標を与えたのは、ほかならぬ、コーヒー市場の悪しきメカニズムなのです。

コーヒーの世界市場における価格は、ほぼ10年ごとに大きく変動してきました。その大きな変動を避けるため1962年に『国際コーヒー協定』が結ばれて、国ごとに輸出割当量が設定され、供給過剰を抑制しようとしてきたのです。そしてこの協定は、コーヒー豆の国際価格を高めに維持する上で、ある程度の有効性がありました。

ところがそれは、消費国からすれば高いコーヒー豆を買わされることを意味します。自由化の波は当然ながらコーヒー市場にも押し寄せ、国際コーヒー協定に批判的なアメリカが協定から脱退したことがきっかけで、1989年に協定は崩壊してしまいました。そうして自由に輸出を増やせるようになったことは、新参者であるベトナムにとって確かに〝有利〟だったと言えるでしょう。

・・
さらにベトナムにとって有利だったのは、低品質のコーヒー豆をそれなりに飲めるようにする技術革新が起こったことです。

つまり、ベトナムが世界第2位の輸出国になれた背景には、低価格・低品質のコーヒー豆への

需要の高まりがありました。低価格・低品質のコーヒーを大増産したことで「コーヒー危機」を招いたとして、ベトナムはほかのコーヒー輸出国から厳しい非難を受けましたが、彼らは市場の需要に真面目に応えただけなのです。

2000年代初めのコーヒー危機以来、フェアトレードのような認証団体や援助団体が、コーヒー生産者を支援する活動を行い、コーヒー豆の生産地で、一体、何が起こっているのかを消費者に伝えていったことは既述の通りです。

そして、こうした認証プログラムは、開発途上国の生産者たちが、コーヒーの適切な栽培方法、環境を破壊しないための配慮、労働者の生活を改善する必要性について学ぶことを後押しします。

さらには、遠く離れた先進国の消費者がどんな商品を求めているのかについて知ることにもつながります。

つまり、認証を取るという作業を通して、コーヒーの生産者たちは先進国の消費者たちと結びついていくのです。このような形で支援を受ければ、コーヒー農家と消費者が直接、連帯する機会が生まれます。

このような関係が今後さらに強化されてこそ、グローバルな産業としてのコーヒー産業は持続可能なものとなっていくのです。

生まれ始めているコーヒー生産国の交流

コーヒー産業の持続可能性を考える上では、生産国間の「グローバル・パートナーシップ」も重要です。

生産国同士の交流というのは、かつてはほとんどなかったと言っても過言ではありません。

例えば、中米のエルサルバドルとグアテマラは隣同士の国であるにもかかわらず、そこにどんな生産者がいてどんな栽培種を植えているのかなどにはお互いまったく興味はないし、あえて知ろうともしていませんでした。ましてや技術移転などはあり得ない話だったのです。

しかし、サビ病の蔓延やスペシャルティコーヒーブーム、さらに国際相場の低迷など、一国だけで解決できない様々な問題が生まれ始めた近年では、生産国間で連携し、一緒に問題を解決していく機運も生まれ始めています。

例えば第3章で紹介した、タイのメーファールアン財団の「ドイトゥン開発プロジェクト」の指導メンバーも、2016年5月にグアテマラ・アンティグア地方のサン・セバスティアン農園と、パナマのボケテ地方のコトワ農園という2つの名園に足を運び、現地でフィールド・トレーニングを受けています。

筆者の川島はそのコーディネートを担当しましたが、両農園とも想像以上にドイトゥンチーム

2018 年には、グアテマラのサン・セバスティアン／サン・ミゲル農園関係者が「ドイトゥン開発プロジェクト」を訪問。メンバーの少数民族の農園を訪れ励ました

2016 年、タイの「ドイトゥン開発プロジェクト」のメンバーはパナマのコトワ農園を訪問し、さまざまなトレーニングを受けた

コロンビア女性生産者グループASMAPROCAMを訪問し大歓迎を受けた、ルワンダの女性コーヒー生産者

を温かく迎えてくれ、彼らが滞在している間、惜しみなく熱心に指導してくれました。この現地でのトレーニングによって、「ドイトゥン開発プロジェクト」のメンバーは、多くのことを習得することができ、それがプロジェクトの成功にもつながりました。

この試みは、ドイトゥンのコーヒー生産の技術力アップにつながっただけでなく、両国間の人間関係の構築にも貢献しています。翌年の2017年にはコトワ農園主が、そして翌々年2018年にはサン・セバスティアン農園の総支配人と農園長が、「ドイトゥン開発プロジェクト」を訪問しました。

余談ですが、ハワイのお土産の定番マカダミアナッツの多くは、オーストラリアとグアテマラ産で、サン・セバスティアン農園でも大量にマカダミアナッツを栽培しています。「ドイトゥン開発プロジェクト」でも、当初からマカダミアナッツを栽培し、こちらは商品化して国内で販売しています。サン・セバスティアン農園一行がドイトゥンを訪問した際に、予定になかったマカダミアナッツの剪定方法を伝授してくれ、翌年から生産性が向上しました。「ドイトゥン開発プロジェクト」と両農園との交流は現在でも続いています。

第16章で紹介した「ルワンダ・コーヒープロジェクト」のケースでも、プロジェクト開始から3年目にJICAの支援によりコロンビア視察が実現しました。

コロンビアを訪問先に選んだのは、大農園が少なくコーヒー生産者の95％が小規模農家でルワ

ンダと似ている点と、小規模農家のほとんどが加盟している農協が、非常に円滑に機能している

からです。ルワンダの2つの農協から代表者3名ずつと、政府のコーヒー担当機関の若手マネー

ジャー2名、及び輸出組合理事長・理事が、この視察に参加しました。

農協関係者は、コロンビアの小規模農家の収量の高さと効率的な精選に驚き、また農協が生産

者に対しどうあるべきかを学びました。政府関係者と輸出組合の人々は、コロンビアの生産者へ

行っている技術サポートネットワークと、徹底した品質管理のシステムに圧倒されていました。

「ルワンダ・コーヒープロジェクト」のメンバーたちは、帰国後さっそく、コロンビアで学んだ

ことを実践し始め、非常に良い結果を生んでいます。

☕ 日本発のコーヒー・パートナーシップ

昨今は日本でも緩やかな動きながら、特定のサステイナブルコーヒーの消費を国内でのSDG

sアクションに結びつけて、生産農家への支援につなげるパートナーシップ事例が大学や企業を

中心に立ち上がってきています。そのアクションの方法や目的は実に多様であり、様々なステー

クホルダーが地球全体で目標を達成していくSDGsのアプローチを体現していると言えるで

しょう。ここでは、大学や企業の取り組みをご紹介します。

●東京大学コミュニケーションセンターの「ドイトゥンコーヒー」

東京大学コミュニケーションセンター（UTCC）ではドイトゥンコーヒー（第3章）を販売しています。UTCCは東京大学の研究成果を商品化し、社会に還元することを目的として設立されましたが、社会貢献にも注目しており、ドイトゥンコーヒーがタイのアヘン撲滅や貧困削減に貢献していることが認められたのです。

収益の一部は「ドイトゥン開発プロジェクト」に還元されますが、ドイトゥンコーヒーを通してコーヒーの産地が抱える問題を日本の消費者に知ってもらうこともUTCCでドイトゥンコーヒーを販売する目的の一つです。私たちが遠く離れた国のことを知ることで、問題解決につながることはたくさんあります。

そしてもう一つ重要なことは、自分たちの作ったコーヒーが、遠く離れた日本の有名な大学で売られていることが、「ドイトゥン開発プロジェクト」に関わる人たちの自信と誇りにつながっているということです。そのような自信や誇りは貧困から抜け出そうとする意欲につながっていきます。つまり、UTCCでのドイトゥンコーヒーの販売は、経済的・精神的両面から「ドイトゥン開発プロジェクト」を支援しているのです。

●「Be the Difference ～世界は一人の力で変えられる～」青学珈琲

青山学院の新経営宣言「Be the Difference」は、「わたしたちは、与えられた恵みによって、それぞれ異なった賜物を持っています」という聖書から導かれたスローガンに基づいています。

それはあらゆることの多様性を認め、「一人ひとりの個性を大事にする、"違うことに勇気をもつ"思考と行動を促すもの」で、「今までとは違うこと、違うもの、違う人たちを上手く共存させて、成果として創造的な価値を生み出していこう」という考えです。

青山学院理事長の堀田宣彌氏は、コーヒーとSDGsに密接なつながりがあることを知り、サスティナブルなコーヒーを広めようと企画をし、青学珈琲が2018年12月に誕生しました。使用しているコーヒーは、第15章で紹介したご主人が急逝した後も頑張って農園を守っている女性生産者アルマのベジャビスタ農園産です。コーヒーの品質と農園主の「自然と共生するコーヒー農園」という考えに共鳴して選ばれました。

青学珈琲は、責任ある森林管理から生産される木材とその製品にのみ付与されるFSC認証の紙箱を使用しています。

●「一杯のコーヒーから始めるSDGs」 東洋英和女学院大学コーヒープロジェクト

2018年から国際社会学部の桜井愛子教授と高﨑春華専任講師指導の下、学生たちが中心となってこのプロジェクトが立ち上がりました。

パートナーとして選んだのは、コロンビアの女性農園主が環境と人権に配慮しながらコーヒーをつくるベジャビスタ農園（第15章）です。

パッケージのデザインは、学生たちがアイデアを持ち寄り、❶英和カラーを活かした色使い、❷生産者と消費者のつながりを表現すること、❸Coffeeではなくカフェという言葉を使う、などをポイントにして完成しました。

このコーヒー「Eiwa Café」を中心にしたチャリティ活動を校内や学園祭の「かえで祭」などで実施し、さらに活動報告会を通して多くの学生たちにSDGsとコーヒーのつながりを理解してもらう努力をしています。

そしてコーヒーへの寄付金は、やはりコロンビアの知的障がい者が働くフェダール財団（第8章）に贈られました。その後、フェダール財団からはお礼として、生徒からの心温まるビデオレターが大学に届きました。この活動は、単年度では終わらせず、大学の後輩たちに引き継がれています。

●「神保町から発信するコーヒーと途上国への支援」明治大学SDGsコーヒーの挑戦

情報コミュニケーション学部の島田剛准教授ゼミの学生たちが企画した、「明治大学SDGsコーヒー」は、明治大学オフィシャルグッズのネットショップで2021年から販売が開始されました。

使用するのは、フェダール財団農園（第8章）の知的障がい者が栽培するコーヒーです。財団スタッフのアナ・マリアさんの、「障がい者施設が作ったコーヒーだから不味くても買ってあげようではなく、美味しいから買いたいと思われるコーヒー作りを目指している」という言葉と姿勢に共感したことが、このプロジェクトを学生たちが企画するきっかけとなりました。

デザインを担当した学生は、「途上国支援と聞くと、『上からの施し』をイメージするかもしれません。このプロジェクトでは品質の良いコーヒーには良い価格を支払い、フェダール農園と対等なパートナーとして共に歩んでいくことを目指しています」と語っています。

売り上げは全額、現地への支援に当てる予定で、現在、学生たちは支援の内容について議論を進めています。

●「一杯のコーヒーから地球環境を考える」珈琲工房ひぐちの取り組み

岐阜県各務原市の珈琲工房ひぐちは、樋口精一・美枝子夫妻が1985年に始めたコーヒー会社です。

当初は普通の町の喫茶店でしたが、やがて焙煎も手掛けるようになり、夫妻は積極的に産地を訪問しました。そして2007年に日本サステイナブルコーヒー協会が主催した「サステナブル・コーヒー・シンポジウム」に参加したことが、サステイナブルコーヒーを広める活動をするきっかけになりました。

SDGsが生まれるずっと以前の2008年9月、自費で『サステイナブル・シンポジウム　一杯のコーヒーから地球環境を考える』を、中部学院大学の協力を得て開催しました。これは大成功で250名の人々が参加しました。その後も夫妻は、同様のイベントを地元で開催し啓発活動を続けています。

また「COP10」（生物多様性条約第10回締約国会議）を契機にレインフォレスト・アライアンス認証、UTZ認証、フェアトレード認証の自社製品を開発し積極的に販売しています。フェアトレードやその他の認証コーヒーを、その趣旨も理解しようとせずに、ビジネスの手段として販売しているコーヒー会社やコーヒー店が多い中で、珈琲工房ひぐちの取り組みは特筆すべき活動です。

● 「JAL CAFÉ LINES」日本航空のサステイナブルコーヒー

日本航空は、機上で美味しくてサステイナブルなコーヒーをお客さまに提供するために、2011年 JAL CAFÉ LINES プロジェクトを立ち上げました。

そして世界の航空会社に先駆け、レインフォレスト・アライアンスの認証コーヒーを、国際線・国

内線エコノミークラスで提供しています。当初認証コーヒーのブレンド割合は30％でしたが、現在では国際線で100％、国内線で90％ブレンドコーヒーを提供しています。また2020年からは、国内の空港ターミナルのラウンジで提供されるコーヒーも、レインフォレスト・アライアンス認証コーヒー100％のサステイナブルな美味しいコーヒーに変わりました。

また2018年からは、タイのメーファールアン財団の「ドイトゥン開発プロジェクト」（第3章）に共鳴し、バンコク線のビジネスクラスではドイトゥンコーヒー100％、エコノミークラスではドイトゥンブレンドコーヒーの提供を開始しています。認証コーヒーの多くが遠く離れた消費国のみで販売される中、生産国であるタイと消費国である日本をつなぐ国際線でドイトゥンコーヒーが採用されたことは、両国のステークホルダーによるSDGsの実践例として大変意義深いと言えます。

● 「コーヒー1杯で未来は変えられるか？」TEAM HAPPO-EN SUSTAINABLE ACTION

東京・白金の八芳園は、とても東京の都心にあるとは思えない、1万2,000坪の素晴らしい庭園を持つ結婚式場として有名です。そしてSDGsの17の目標達成に向けて独自の様々な取り組みを行っています。環境にもからだにもやさしい料理を提供する八芳園では、料理だけでなく食後のコーヒーでも、もっと社会貢献できないかを検討しました。その結果、提供するコーヒーを通じて「美味しさ」と「サステイナビリティ」を両立することを目指し、2018年に館内のコーヒーをすべて環境と人

権に配慮するグアテマラのサン・セバスティアン農園（第2章、第4章）とサン・ミゲル農園（第2章）産に切り替えました。

そして2019年からコーヒーの売上の一部を、無料で労働者やその家族及び先住民の健康管理に携わっているサン・ミゲル農園内診療所に寄付するプロジェクトを開始しました。

●「子どもたちへの給食補助」ホロニック社の取り組み

関西地域を中心にコミュニティに根ざしたホテルや施設を展開するホロニックは、スタッフ、お客様、そして生産者の人々の「やりがい、生きがい、働きがい」に溢れる社会づくりに取り組んでいます。

2020年には、取り組みをコーヒーにも拡大し、パナマの自然環境と人権に配慮したコトワ農園と新たなパートナーシップを開始しました。2021年より、運営するSETREグループのホテルで提供するコトワ農園のコーヒーの売り上げの一部を、農園や近隣で働く先住民族の子どもたちが通う学校に寄付し、給食を改善します。親が子どもたちを学校に通わせる大きな理由の一つが、給食が支給されることです。この給食が、一日で唯一の食事という家庭もあり、給食が充実すれば就学率も上がる可能性があります。

なおホロニックは、2019年6月から「サステナブル・コーヒー・チャレンジ」（第12章）にも参加しています。

この本でご紹介したパートナーシップの例を、次のページにまとめます。これらはあくまでも一部であり、日本全国にはもっと様々な取り組みが既に立ち上がっていることでしょう。

筆者の川島が設立したミカフェートは、生産国での品質とサステイナビリティ向上への様々な技術支援を行い、生産国と消費国を結ぶ架け橋となることを企業理念としており、2016年に日本企業として初めて「サステナブル・コーヒー・チャレンジ」に参加しました。「コーヒーで世界を変えることができる」と信じる筆者の思いを、この本を通じて少しでも皆さんにご理解いただけたらと願っています。

そして、皆さんがコーヒーを通じてSDGsの目標に興味を持ち、今までとは違う新たなアクションを起こし、実行に移すことが、SDGsの目標に貢献していきます。その際は、起こしたアクションを具体的に記録しておくとよいでしょう。思いに賛同する人が増え、ある程度まとまったアクションになれば、日本でのアクションを超えて、生産地のSDGsに直接的に貢献することも可能になるかもしれません。

皆さんがコーヒーの選択にSDGsへの貢献を選ぶことが、コーヒーを通じたより良い社会の実現につながるのです。

日本での取り組み

東京大学　　　　　　　青山学院

教育機関

ベルシステム 24　　　珈琲工房ひぐち

**本業での
取り組み**

日本航空

（2018年11月撮影）

**企業の
CSR**

コーヒー生産国への取り組み

東洋英和女学院大学

明治大学

コーヒーで実現するSDGs

ミカフェート

ホロニック

八芳園

注：各パートナーシップがもっとも影響を与える領域と地域に写真が置かれています。

● ミカフェートのサステイナビリティに関わる取り組みの詳細は
https://www.mi-cafeto.com/aboutus/sustainability

～おわりに～

初めてコーヒー産地を訪れたのは、1975年18歳のときでした。まだ成田国際空港が開港前で、羽田空港からアメリカ経由でエルサルバドルに渡航しました。高度成長期から安定成長期に入ったとはいえ、持ち出せる米ドルにも制限があり1ドル300円の時代です。私のホームステイ先は、日本では見たことのないような豪邸が立ち並ぶ高台の高級住宅街にありました。掃除の行き届いた邸宅のバス・トイレ付きの部屋に住み、外に出れば道路沿いのお屋敷の前庭には花が咲き乱れ、これから自分はこんな美しい街で暮らすのだと興奮し、ホームシックも一日で治ったくらいです。しかし数日もしないうちに、その高級住宅街脇の谷底には、段ボールで作った家がひしめき合う貧民街があり、そこから通う男性や女性がハウスキーパーや庭師として働き、彼らのお陰で私は快適な学生生活を送っていることを知りました。コーヒー農園に招待されると、農園主の瀟洒な家があり、そこにも多くの女性が働いていましたし、畑で働く男性労働者たちの暮らしぶりは貧しく、日本では経験したことのない格差を目の当たりにしたのです。

私が留学した年にエルサルバドルは、世界3位のコーヒー生産国になりました。そしてブラジルのコーヒー産地に霜が降り、樹が枯れてしまい大減産となったのもこの年です。その影響で国際相場は8倍まで跳ね上がり、エルサルバドルは、この空前絶後の相場で潤いました。しかし恩恵を受けたの

は資産家たちで、社会的格差はさらに広がってしまい、その結果以前から燻っていた反政府組織の活動が活発になり内戦状態に陥りました。この内戦で多くの人々が命を落とし、難民となったりアメリカに密入国を図ったりしましたが、そのほとんどが貧しい人々でした。エルサルバドルに平和が訪れたのは1992年です。この内戦で個人的には、7人の友人を失いましたし、銃撃戦や爆弾から守るために邸宅は高い壁で覆われ、あの美しかった街並みは、無機質な街に変わりました。そして革命政府は、地主から農地を接収し農地改革を行いましたが、準備不足で大失敗に終わり、その後に続いた失政で経済は破綻し、私が勉強した国立コーヒー研究所も閉鎖され、コーヒーの生産量も10分の1まで落ち込んでしまったのです。

一体何のための内戦だったのか、革命だったのか？　あのとき、資産家階級にサステイナブルという意識があったら、今でもエルサルバドルは世界有数のコーヒー生産国だったでしょうし、友人たちも生きていたはずです。また貧しい人々を救おうと武装蜂起したグループが、政権を奪取した後に行った政治は汚職にまみれ、国民の利益を顧みないものでした。

こうして私は、サステイナブルではない社会は、いずれ崩壊していくというプロセスを、身をもって経験したのです。

28年間コーヒー生産国に住み、世界中の産地を訪問してきました。そしてコーヒー産業が、自然環

境や人権にどれほど影響力を持っているかを肌で知りました。つまりやり方次第でコーヒーが、環境にも人権にも社会制度にも、悪い影響も良い影響も与えることができるということです。

2000年代初頭からエルサルバドルの生産者は、他の生産国よりも早くレインフォレスト・アライアンス認証の取得に動きました。また認証を取らなくても、人権と環境を守りながらコーヒー産業に従事する農園や工場が増えました。それはコーヒー産業に携わる人々が、コーヒーがサステイナブルになるためには改革が必要だと、過去の歴史から学んだからだと思います。

2007年に働いていた大手コーヒー会社を退職しました。そして自分の会社を設立する前に作ったのが、日本サステイナブルコーヒー協会です。日本のコーヒー関係者、消費者に「サステイナブルなコーヒー」をもっと知って欲しかったからです。実はその2年前、長年一緒に農園開発に携わってきた三本木一夫さんに、コーヒーを学際的に語り合うサステイナブルコーヒーを広める場を作りたいと相談したところ、東京大学の池本教授を紹介されました。そして池本教授と始めたのが「コーヒーサロン」です。

山下加夏さんとの出会いの経緯はこのあとの山下さんのあとがきに譲りますが、山下さんには、私の会社ミカフェートのサステイナブル・マネージメント・アドバイザーに2015年に就任していた

だき、産地とのサステイナブルな取り組みのアドバイスや、社員向けのセミナーを担当していただいています。社員と一緒に受けた山下さんのセミナーで、SDGsの17の目標とコーヒーが大なり小なりすべて関わっていると説明を受けた時は、目からウロコが落ちた気分でした。

巷ではSDGsのポスターや企業広告が目につくようになったのに、何をどうすればよいのかは、一般には浸透していない。それは内容が難しいからと、自分たちの生活とSDGsとの結びつきが理解されていないからで、もっと身近なもので説明できれば、理解してくれる人が増えるのではと常々思っていました。それが、自分が本業としているコーヒーでできると、山下さんが気づかせてくれたのです。その場で山下さんに池本先生と3人で本を作りましょうと提案しました。

この企画をポプラ社の碇さんに相談したところ、SDGsは読者が求めるトピックである一方、他のSDGs本ではなかった切り口だと快諾していただき出版の話が進んでいきました。2020年1月から執筆に取り掛かり、順調に進んでいたところで、新型コロナウイルスの感染が拡大したため、外国に行くことも、現地で情報を収集することもできなくなり、私たちが当初予想したよりも完成に時間がかかってしまいました。

そんな状況下で、私のアシスタントのエリアナ・レイミ・ナガハシが、素晴らしい語学力と調査能力を存分に発揮してくれ、貴重な資料を集めてくれました。またこの業界で数少ない、コーヒーを科

学で説明できる石光商事の石脇智広社長には、お忙しい中貴重なアドバイスをたくさんいただきました。この場を借りてお礼を申し上げます。また、デザイナーの穴田淳子さんには、長期間にわたり本文の細かいデザインやDTPを担当していただきました。さらに、ソルフレア株式会社のデザインチームの皆様には、急なお願いだったにも関わらず、これまでのSDGs関連本とは一味違う素敵な装丁に仕上げてくださいました事に感謝いたします。最後に、コードクリード株式会社ならびにグループの各社には、数多くの場面において力強いサポートを頂きました事に、心よりお礼を申し上げます。

読者の皆様には、長年にわたり低迷する国際相場下で苦しみながらも、環境と人権を守りながらサステイナブルな取り組みをしているコーヒー生産者がいることを知っていただきたい。

そしてどうすれば、生産者も消費者も win-win な関係になり、これからもずっとサステイナブルで美味しいコーヒーが飲み続けられるようになるか、一緒に考え行動していきたいと思います。

José・川島良彰

「サステイナブルコーヒーって何ですか?」

今でもそう尋ねられることがあります。

インターネットで「サステイナブルコーヒー」を検索してみると、サステイナブルコーヒーとは、スペシャルティコーヒーや、フェアトレードコーヒーなどの認証コーヒー、あるいはオーガニックコーヒーだというような説明が出てきます。カップ・オブ・エクセレンスのコーヒーがサステイナブルだと言う人もいますが、カップ・オブ・エクセレンスの審査はコーヒー豆の品質だけで行われており、環境や社会への配慮は含まれておらず、直接的にはサステイナブルであることを目指しているわけではありません。中には、自分のところで取り扱っているコーヒーがサステイナブルコーヒーだというような宣伝まがいの説明もあります。

サステイナブルコーヒーとは何かという質問にどう答えるべきかを何年も考えてきて、サステイナブルコーヒーとは何かを説明するためには、まず「サステイナブル」とは何かを説明すればよいと思うようになりました。サステイナブルのキーワードは、一九八七年のブルントラント報告で示された定義にある「持続可能な開発」です。「持続可能な開発」は、今の世代が快適さを求めるあまり、将来の世代に負担を残すことがないことを求めています。今の世代が環境を破壊し、そのツケを将来の世代が払われることがないようにしないといけないのです。将来の世代が今の世代に向かって発信していると いうような若い人たちが世界中で声を上げているのは、スウェーデンのグレタ・トゥーンベリさんのような若い人たちが世界中で声を上げているのは、将来の世代が今の世代に向かって発信しているということなのです。今の世代には将来の世代に対して、少なくとも今と同じレベルの快適な環境を将

来に残す責任があるのです。これが「世代間正義」や「世代間倫理」と呼ばれる問題です。

このことをコーヒーに当てはめてみると、サステイナブルコーヒーとは、「今の世代が楽しんでいるのと少なくとも同じくらい美味しいコーヒーを、将来の世代も楽しむことができるようにするために努力しているコーヒー」ということになります。本書で見てきたように、コーヒー産業が直面している課題は、環境・経済・社会などの面で多岐にわたり、多様です。これらの課題のどれかに取り組んでいるのがサステイナブルコーヒーなのです。

日本ではコーヒーの美味しさについて蘊蓄を傾ける人たちはたくさんいますが、生産国での環境や、そこで働く人たちの生活のことがまったく抜け落ちていることが多いように思います。2000年代の初めに起こった「コーヒー危機」のことさえ知らない人もいます。これらの問題を知らずに、本当に美味しいコーヒーについて語ることはできるでしょうか。

「他人の不幸の上に自分の幸福は築けない」という言葉があります。私たちは、私たちが「美味しい」と言って飲んでいるコーヒーが、コーヒー生産者の貧困や環境破壊という大きな犠牲の上に成り立っているかもしれないと知ったとき、それでも「美味しい」と満足していられるでしょうか。

そう言うと、「じゃあ、どうしたらいいんですか?」と開き直る人もいますが、私たちは何もかも完璧でなければならないというわけではありません。私たちにできることは限られています。その中で、できることからやっていくことが必要なのです。本書を読んで、どんな問題があり、何が行われ

ているのかを知ることは、その第一歩となるでしょう。SDGsの17のゴールを見て、何をすべきかを考えるのは本末転倒です。あなたが関心を持ち、実行していることがSDGsのどれに当たるのかを考えるべきなのです。

私の研究テーマはもともとタイの経済発展でしたが、1996年頃からラオスの調査に行くようになり、ラオスのコーヒーについて研究し始めました。そのときに、当時、UCCに勤めていた三本木一夫氏に出会い、今でもいろいろ教えていただいています。その後、ベトナムの山岳少数民族の貧困問題を研究するようになり、たまたまその地域がコーヒーの産地だったことからベトナムコーヒーの研究に関心が移っていきました。ちょうどコーヒー危機の真っただ中で、ベトナムは過剰生産によって価格を暴落させたとして世界中から非難されていました。勤勉で優秀なベトナムのコーヒー農家からすれば、市場のシグナルに従って努力しただけなので、本当の問題は、市場メカニズムのほうにあるのではと思っています。

そんなことを考えていたとき、三本木さんの紹介で川島さんに出会い、コーヒーサロンが2005年2月から始まります。それから15年間、年3回ほどのペースで、現在、53回を数えます（詳細はhttps://coffee-salon.tokyo/をご覧ください）。

その後、川島さんがドイトゥンコーヒーにアドバイザーとして関わるようになり、私も協力する形

で東大コーヒーとして販売することを模索し始めます。東京大学コミュニケーションセンター（UTCC）は東大で行われている研究を商品化していますが、ドイトゥンコーヒーの社会性が評価されて、東大のオリジナルブレンドコーヒーとして販売されるようになりました。また、私のドイトゥンコーヒーの研究プロジェクトは東京大学のSDGsプロジェクトの一つとして「ソーシャル・ビジネスによる貧困削減と社会的包摂」というテーマで登録されています（https://www.u-tokyo.ac.jp/adm/fsi/ja/projects/sdgs/projects_00078.html）。現在、東京大学では204のSDGsプロジェクトが登録されていますが、残念ながらSDGsの認知度は高くはありません。本書がもっとSDGsに対する関心を高めてくれることを期待しています。

　本書は、企画段階では3人の筆者の間で役割分担があったのですが、書き進めていく過程で3人がアイデアを出し合ったために、分担執筆という形にはなっていません。その中で私が主に関わったのがSDGsの各ゴールとそのターゲットの解説です。特にターゲットは169もあるため、たぶんその一つ一つが読まれることはほとんどないだろうと思い（実際、読めないくらいに小さな文字で書かれていることが多い）、本書ではターゲットを思い切って簡略化し、わかりやすく表現しました。この点で、地球環境パートナーシッププラザ（GEOC）の尾山優子さんにたいへんお世話になりました。GEOCは、環境省と国連大学が共同で運営する環境パートナーシップ拠点です。

三本木さんには栽培の専門家の立場から全体を通してコメントしていただきました。

3人の筆者がそれぞれの担当をそれぞれのペースで書き進めていったため、途中の作業はかなり混乱したこともありましたが、それらの多くのパーツを一つのストーリーにまとめ上げてくれた編集協力の熊本さんには大変感謝しています。熊本さんの助けがなければ、もっと時間がかかったでしょう。

『コーヒーとSDGs』については本書の企画が出る前から「コーヒーアミーゴス勉強会」で勉強していました。コロナ禍で対面の研究会ができなくなってからはSNS上で議論を行ってきました。原稿を書くときに出てきた疑問をそこに投げかけ、コーヒー専門家の意見を聞けたのはとても役に立ちました。

コロナ禍で外国への旅行が制限される一方、オンラインで世界の遠くの人たちと話をすることができるようになり、結びつきは世界的規模で拡大しています。オンラインでコーヒー農園を紹介するツアーもたくさん実施されています。このような結びつきを通して、私たちがもっとコーヒー産地のことを知ることにつながり、将来に向けて行動を起こすきっかけになればと願っています。

池本幸生

国際NGOの職員として世界中を飛び回った2001年以降は、ちょうどコーヒー危機の直後と重なった時期でもありました。開発途上国の人々の生計支援と自然保護を両立するために携わったプロジェクトの一つに、持続可能なコーヒー生産への支援がありました。地図の上では自然保護区となっている地域にも、人は住み、生活していかなければならないのが現実です。新たに森林を切り開くことなく、同じ場所でコーヒーを栽培してその品質を上げ、国際的に低迷していたコーヒー市場での付加価値を高めるためには、自然保護をインセンティブとする小規模融資と技術支援を組み合わせることが必要でした。コーヒーハンターである川島さんには、コスタリカ、パナマ、コロンビア、ペルーのコーヒーのプロジェクト現場まで足を運んでいただき、技術指導のみならず、日本をはじめとした世界の市場に導入するための様々なアドバイスをいただきました。川島さんとともにコーヒーサロンを立ち上げられた池本先生に、東大のキャンパスでお話しさせていただく機会をいただいたのもこの頃でした。

またNGOとして、国連の気候変動枠組条約や生物多様性条約の締約国会議に参加し交渉を追っていく一方で、開発途上国の現場を訪れる度に、国連の交渉の内容やスピードの遅さと現実とのギャップを感じざるを得ませんでした。そして、そのようなギャップを埋めていくための支援をするのも職

務の一つになっていました。一方、SDGsは、2015年の採択以降、世界中にその啓発と実施の波が一気に及んでいきました。法的拘束力を持つ気候変動枠組条約が、その実施に向けては国際的にも国内的にも様々なハードルを乗り越えていかなければならない中、同じ国連で交渉された「目標ベース」のSDGsには持続可能な未来に向けて様々なアプローチが可能となったのが一因だと感じています。一方、SDGsの17のゴールすべてにコーヒーが関連するにもかかわらず、日本でのコーヒーとサステイナビリティに関わる認識はとても低いままでした。

そのような経緯から始まった本著の執筆は当初3名で別々に書き進めていたものの、途中からいつの間にか各章ごとにそれぞれの経験や立場から書きたいことが溢れ出し、最後は3人で相談しながら同時並行で共同執筆していく、というスタイルが定着していきました。それは、コーヒーとSDGsを通して考えられること、できることが、それこそ無限大に広がっていることを改めて実感できた貴重な時間でもありました。執筆のプロセスでは池本先生と川島さんから数多くのことを学ばせていただき、心より感謝しております。

そして、執筆中の2020年に新型コロナウイルスの感染が世界中に拡大していく中で、本書の趣旨に賛同し、生産国から様々な協力を惜しまなかった方々への感謝の意を尽くすことはできません。第15章で紹介したコロンビアの女性農園主のアルマ・レポジェード氏は、新型コロナウイルス感染症にいち早く対応し、農園での徹底的な消毒、労働者の検温、感染予防対策、感染防止セミナーを取り

入れ、コーヒーの収穫をやり遂げました。結果的に労働者の仕事の提供が滞ることもなく、戒厳令下にあったコロンビアにおいて、地域の人々への経済的な影響を防ぐことができたのです。この小さな農園での対策は、なんと全国的なモデル事業として認められ、コロンビア全土に広がっていきました。地元のテレビ放送に取り上げられる彼女の活躍を目の当たりにし、日頃からサステイナビリティに取り組んできた農園の強靱さ（レジリエンス）を、改めて思い知らされました。

第2章で紹介したフォアニータ・フンギート氏は、ロックダウン下の山奥の農園で通信手段が著しく制限されていたにもかかわらず、この本の趣旨に心から賛同し、あらゆる手段を使って原稿を送ってくれました。またコスタリカでは、アルノルド・レイヴァ氏が率いるザ・コーヒー・ソース社（THE COFFEE SOURCE LLC.）のマウリシオ・ブランディーノ氏が、やはり移動制限が厳しい同国で、第7章でご紹介したメタン回収技術を持つ農園に赴き、設備の仕組みを写真付きで丁寧に説明してくれました。グアテマラのエイドリアン・カブレラ氏は、第2章や第4章でご紹介した農園が主体となった学校の取り組みを、写真とともに詳しく解説してくれました。第5章の「ジェンダー平等を実現しよう」は、2019年にコロンビアの女性グループとの会談を実現してくれたFNCや農協の方々のご協力なしでは執筆することができず、また中米でのジェンダー主流化案件に携わってきた通訳者の三島玲子氏から貴重なアドバイスをいただきました。また、第13章「気候変動に具体的な対策を」、第15章「陸の豊かさも守ろう」への地図のご提供やアドバイスをくださったコンサベーション・

インターナショナルの磯部麻子氏と浦口あや氏、第12章「つくる責任 つかう責任」の取材にご協力くださったフェアトレード・ラベル・ジャパンの中島佳織氏、レインフォレスト・アライアンスの一倉千恵子氏、オルティスリベラ美由紀氏、スミソニアン®・バードフレンドリー®プログラムへの窓口となってくださった住商フーズ株式会社の宮垣雄太氏、そのほか多くの皆様に心より感謝申し上げます。

最後に、3人の異なる文面を読みやすく一冊の本に編集してくださった熊本りか様、また本書の出版に賛同してくださったポプラ社の碇耕一様のご協力なしに、この本を出版することはできませんでした。この場を借りて、心より御礼申し上げます。この本を通して、「コーヒー」を通じて持続可能な未来を作っていくことを応援してくださる方々が増えていくことを、心より願っております。

山下加夏

José. 川島良彰 (ホセ・かわしま・よしあき)

株式会社ミカフェート 代表取締役社長
日本サステイナブルコーヒー協会　理事長
タイ王室メイファールアン財団　コーヒーアドバイザー
国際協力機構 (JICA) コーヒー分野にかかる課題別支援委員会委員長

静岡市の焙煎卸業の家に生まれる。静岡聖光学院高等学校卒業後、エルサルバドル共和国 国立コーヒー研究所に留学。大手コーヒー会社に就職。ジャマイカ、ハワイ、スマトラで農園開発に携わり、マダガスカルでは絶滅種マスカロコフェアの発見と種の保全、レユニオン島では絶滅種ブルボン ポワントゥの発見と島のコーヒー産業を復活させた。2007年に同社を退職後、日本サステイナブルコーヒー協会を設立し、2008年に株式会社ミカフェート設立。2017年、長年にわたるコーヒーを通じた日本とエルサルバドルとの友好親善の促進が認められ外務大臣表彰を受け、2019年には『ニューズウィーク』の「世界が尊敬する日本人100」に選ばれる。同年キューバで19世紀のティピカを発見した。主な著書は『コーヒーハンター 幻のブルボン・ポワントゥの復活』(平凡社)、『私はコーヒーで世界を変えることにした。』『コンビニコーヒーは、なぜ高級ホテルより美味いのか』(ともにポプラ社)、『Coffee Hunting Note 100 カップログ』(世界文化社)。『僕はコーヒーがのめない (ビッグコミックス)』(小学館) の監修も務めた。

池本幸生 (いけもと・ゆきお)

東京大学東洋文化研究所教授
日本サステイナブルコーヒー協会　理事

京都大学経済学部卒業後、アジア経済研究所入所。1987年から1989年にかけて海外派遣員としてタイのチュラロンコン大学社会科学研究所に赴任。1990年、京都大学東南アジア研究センター助教授。1993年から1994年にかけて東南アジア研究センター・バンコク連絡事務所駐在。1993年、京都大学博士 (経済学) 取得。1998年、東京大学東洋文化研究所助教授に就任し、2002年より現職。2010年から2016年にかけてASNET (日本・アジアに関する教育研究ネットワーク) 副ネットワーク長も務める。主な著書は『連帯経済とソーシャル・ビジネス─貧困削減、富の再分配のためのケイパビリティ・アプローチ』(池本幸生 松井範惇 編／明石書店)。翻訳書は『正義のアイデア』(アマルティア・セン／明石書店)、『格差社会の衝撃：不健康な格差社会を健康にする法』(リチャード・ウィルキンソン／書籍工房早山)、『女性と人間開発 潜在能力アプローチ』(マーサ・ヌスバウム)・『不平等の再検討: 潜在能力と自由』(アマルティア・セン／ともに岩波書店)。

山下加夏 (やました・かな)

ミカフェート・サステイナブル・マネージメント・アドバイザー

慶應義塾大学卒業、ケンブリッジ大学修士 (サステイナビリティ・リーダーシップ)。外資系企業勤務後、2001年より国際NGOコンサベーション・インターナショナルに勤務。気候変動プログラム・ディレクターとして、国連気候変動枠組条約の森林保全に関わるアジェンダへのインプットや日本政府の資金援助に基づく開発途上国の森林保全調査案件を率いたほか、現地プログラムとの連携によるプロジェクト実施に取り組む。日本と開発途上国のパートナーシップによる持続可能な社会の実現をライフワークとする。2015年より、株式会社ミカフェートのサステイナブル・マネージメント・アドバイザー。主に個々のコーヒー生産農家の現状を調査し、持続可能な成長に向けて必要な支援や体制を構築し、結びつけている。

《 参考文献 》

Hassen, K., Gizaw, G. and Belachew, T. (2017) 'Dual burden of malnutrition among adolescents of smallholder coffee farming households of Jimma Zone, Southwest Ethiopia', *Food and Nutrition Bulletin,* [e-journal]38(2), pp. 196–208. doi: 10.1177/0379572117701660.

Kasente, D. (2012) 'Fair Trade and organic certification in value chains: Lessons from a gender analysis from coffee exporting in Uganda', *Gender and Development,* 20(1), pp. 111–127. doi: 10.1080/13552074.2012.663627.

Hassard, H. A. et al. (2014) 'Product carbon footprint and energy analysis of alternative coffee products in Japan', *Journal of Cleaner Production,* [e-journal] 73, pp. 310–321. doi: 10.1016/j.jclepro.2014.02.006.

Brommer, E., Stratmann, B. and Quack, D. (2011) 'Environmental impacts of different methods of coffee preparation', *International Journal of Consumer Studies,* [e-journal]35(2), pp. 212–220. doi: 10.1111/j.1470-6431.2010.00971.x

Perfecto, I., Vandermeer, J., Mas, A., & Pinto, L. S. (2005). Biodiversity, yield, and shade coffee certification. *Ecological Economics,* [e-journal]54(4), pp. 435–446. doi:10.1016/j.ecolecon.2004.10.009

Kellermann, J. L., Johnson, M. D., Stercho, A. M., & Hackett, S. C. (2008). Ecological and economic services provided by birds on Jamaican Blue Mountain coffee farms. *Conservation Biology,* [e-journal]22(5), pp. 1177–1185. doi:10.1111/j.1523-1739.2008.00968.x

Karp, D. S., Mendenhall, C. D., Sandí, R. F., Chaumont, N., Ehrlich, P. R., Hadly, E. A., & Daily, G. C. (2013). Forest bolsters bird abundance, pest control and coffee yield. *Ecology Letters,* [e-journal]16(11), pp.1339–1347. doi:10.1111/ele.12173

Perfecto, I., Rice, R. A., Greenberg, R., & Van der Voort, M. E. (1996). Shade coffee: A disappearing refuge for biodiversity. *BioScience,* [e-journal]46(8), pp.598–608.
doi:10.2307/1312989

Jha, S., Bacon, C. M., Philpott, S. M., MÉndez, V. E., LÄderach, P., & Rice, R. A. (2014). Shade coffee: Update on a disappearing refuge for biodiversity. *BioScience.* [e-journal] 64 (5), pp. 416-428. doi:10.1093/biosci/biu038

本文デザイン —— 穴田淳子（a mole design Room）

装 丁 ———— Aarón. 富田拓朗

デザイン ——— 渡邊彩加（ソルフレア株式会社）

編集協力 ——— 熊本りか

コーヒーで読み解くSDGs

2021年3月15日　第1刷発行
2022年8月30日　第4刷

著　者　José.川島良彰、池本幸生、山下加夏

発行者　千葉　均

編　集　碇　耕一

発行所　株式会社ポプラ社
　　　　〒102-8519　東京都千代田区麴町4-2-6
　　　　一般書ホームページ　www.webasta.jp

印刷・製本　中央精版印刷株式会社